我为自己读书

青少年
四堂
必修课

学习方法决定你的学习成绩

刘锋 —— 著

北京时代华文书局

致广大青少年读者朋友

青少年，谁不对未来充满着期待？谁不憧憬着自己美好的人生？

然而，究竟怎样才能使自己健康地成长？怎样才能使自己能够真正地实现人生精彩的目标？

美国有位老人，他一生事业成功，曾创办了十多家企业，还担任过州议员。当人们向他请教人生的秘诀时，他说："人的一生，没有了爱情，只是失去了十分之一；没有了健康，只是失去了一半；但如果没有了梦想，你就失去了一切。什么都可以没有，但不能没有梦想。

梦想，就是人生追求的方向。成就梦想，就是不断地激励自己在困境中奋斗，在挫折中前行。青少年正值花季，人人都怀揣着不同的梦想，要实现很多的愿望。然而，今天的青少年，当自己被花样不断翻新的电子产品包围时，是否想过未来之路该怎样走？当自己正被充满刺激的网络游戏诱惑时，是否想过自己的人生谁来做主？当自己正为日益加重的成长压力苦恼时，是否想过今天的奋斗究竟是为了什么？

如果此时此刻你还没有想好答案，还不知道如何规划自己的未来人生，那么，不妨抽出时间仔细阅读一下这套《我为自己读书：青少年四堂必修课》丛书，也许你能从中找到自己最想要的理想答案。

《我为自己读书：青少年四堂必修课》是一套专为青少年成长与成才量

身定制的励志图书。整套丛书共分四个分册，从不同的角度为青少年成长答疑释惑，为青少年成才加油鼓劲，为青少年规划远大前程提供有益的人生指导和精神帮助。

作为《我为自己读书：青少年四堂必修课》丛书的分册之一——《学习方法决定你的学习成绩》一书，主要针对青少年所面临的学习压力，帮助他们端正学习态度，提升学习能力，实现高效学习。书中通过深入浅出的分析，告诉广大青少年，要以积极的心态、饱满的热情、强烈的求知欲，全身心地投入到学习活动中去，积极地开动大脑去思考，主动地学习，高效地学习。书中还具体介绍了青少年自主学习的科学方法，以帮助广大青少年摆脱学习的压力烦恼，感受学习的快乐与成功。

整套丛书，寓情于理，以一个个朴实深刻的道理，为青少年拨亮心灯，点燃梦想；以一个个真切动人的故事，让青少年心灵触动，产生震撼；以一个个实用可行的方法，让青少年励志奋进，受益终身。

编辑出版这套丛书的目的，是帮助青少年都能乘上英才成长的直通快车，让我们国家未来涌现出更多更强的英才，让今日的青少年都能成为民族未来的中流砥柱。真诚希望丛书能对广大青少年的健康成长与未来成才有所帮助。

著　者

2018 年夏

Contents
目录

第一章

以远大的理想激发自己主动学习 ▶

第二章

自主学习，主动地求知 ▶

第三章

科学合理地利用有限的学习时间 ▶

第四章

掌握高效率的学习方法 ▶

第五章

培养超强的思维能力 ▶

第六章

把老师变成自己的"学习教练" ▶

第七章

与同学结成学习伙伴 ▶

第八章

利用现代化工具帮助自己高效地学习 ▶

第九章

化解学习压力，消除学习疲劳 ▶

第十章

搬掉偏科这一影响成才的"拦路虎" ▶

第十一章

以积极的心态应对考试 ▶

以远大的理想激发自己主动学习

理想，就像灯塔一样，指引着在茫茫大海上远航的船。学海无边，理想指引着青少年抵达成功的彼岸。心中怀有一个远大的理想，青少年就有了奋斗的目标，就会坚定自己的信念。有了远大的理想，青少年的学习也就不再那么枯燥，相反，心中会充满着快乐。

青少年确立人生理想，既要着眼于未来自己的长远发展，又要切合目前的自身实际；更要注重制订实现理想与目标的计划和步骤。

用高远的理想激发自己矢志不移地奋斗

理想是人们对美好事物的追求，是经过努力可能实现的奋斗目标，没有理想的人只会平庸一生。从小树立远大理想，会促使自己一生都自觉主动地学习，自觉主动地工作。理想是前进的指路明灯，是鼓舞自己奋斗的风帆。当我们心中立下远大的理想，我们会为了理想的实现而积极主动地学习，矢志不移地奋斗不息。

王安石的名篇《伤仲永》就讲述了这样一个故事：

方仲永是江西金溪县一个农民的儿子，自小聪明过人，天资聪慧，能出口成章。5岁时，他就能写诗吟章。许多富人对此颇感新奇，纷纷邀他前往，在酒席之上当场吟诗，以助酒兴，并赠以银两酬谢。他的父亲见此十分高兴，整天带着他奔走于各位富人之家，忙于吟诗讨赏以致荒废了学业，终日无所上进。数年之后，"泯然众人矣"，成了庸人一个。

事例说明，自己不学习，不树立理想，让一个没有远大眼光和理想教育观念的父亲亲手毁了一位天才。这个悲剧发生的时间是古代，而类似的悲剧在当代仍时有发生。

徐霞客（1587～1641）出身于江苏江阴的一个没落世家。家境虽然已经衰微，但是家中藏书却不少。他自小知书知礼，富有理想。

徐霞客除了吃饭时间，几乎都在父亲的书房里精心读书。他读完整架整柜的书籍后，又把那些心里最喜欢、印象最深刻的历史、地理和探险游记之类的书籍，集中起来，反复阅读。进了私塾以后，他还经常把这些书揣在身边。他觉得从这些书里能看到祖国的大好河山，可以了解民族的历史，使人心胸开阔，产生力量。后来，他决定放弃科举，绝于仕途，准备遍游祖国的山川。

他开始了对祖国万里河山的游历。他30多年不避寒暑，不畏艰险，靠两条腿考察了华东、华北、东南沿海、西南云贵等地，对大半个中国的地理、水文、地质、动植物，特别是有关我国石灰岩地貌做了数百万字的游记记录，成为我国历史上一位杰出的地理学家和旅行家。

| 温馨提示 |
WENXINTISHI

一个人从小树立理想比什么都重要。这是自己日后成功的基点，唯如此，才能积极地调动全身的潜能，主动地求知探索。

扬起人生追求与奋斗的理想风帆

一位诗人说过："理想是石，敲出星星之火；理想是火，点燃希望之灯；理想是灯，照亮夜行之路；理想是路，引你走向黎明。"理想，意味着对未来的憧憬与向往，表达着对未来的渴望与追求。它犹如火炬照亮了人生的道路，指明了人们成长的方向。因此，树立人生的理想与追求，有着重要而又特殊的意义，它可以激励自己超越自我，成为自觉主动地学习与不断前进的巨大精神力量。可以说，一个没有理想的人，他的世界是黑暗的，没有理想，人生就会成为一片荒原。同时应该清楚地认识到理想不等于空想。理想需要用意志、勇气，以及吃苦耐劳的精神去拼搏和追求；理想只有在坚定的奋斗中才能闪现出明亮的火光。

对于青少年来说，理想的种子一旦生根、发芽，就会转化成勤奋学习的动力，而且这种动力是持久的。而如果没有理想，就不知道自己学习有什么用。在这种情况下，只要稍微有点阻力和困难，便会产生放弃心理，更不用说百折不挠地克服困难。

鲁迅先生青少年时期，看到许多农村人生病后，却因愚昧或贫穷而死去，他便决心通过学医来解救被病痛折磨的劳苦大众。正是这种为劳苦大众解除病痛的理想的力量，才促使他进了日本的仙台医专，师从当时著名的医学教授藤野先生。后来随着中华民族危机的加深，鲁迅先生感到只有拯救整个民族的命运才能最终解救劳苦大众。而要达到这一伟大理想，仅靠这一点医术显然是远远不够的。于是他毅然放弃了医学，而改学了文学。鲁迅先生最终成了我国新文学时期最伟大的文学家。

其实任何一个平凡的人和一个伟大的文学家或科学家之间并没有不可逾越的鸿沟，关键是能否把宏伟的理想化为催人奋进的动力。只有树立起远大的志向，并焕发出火一般的热情，冲破层层阻力和障碍，克服重重困难，为实现自己的志向而奋斗，才能将理想化为现实。

那么，怎样才能鼓起理想的风帆呢？

（1）应从小开始培养理想

邓小平曾说过："革命的理想，共产主义的品德，要从小开始培养。"在生命的早春，在自己的心田播下理想的种子，才能为以后理想的苗壮成长打好基础。

（2）把理想树立得高远一些

每个青少年都有自己美好的理想。至于将来干什么，青少年当然可以根据自己的兴趣、爱好、特长及家庭情况，及早进行定向培养，但这并不是最重要的。最重要的是要把理想的风帆鼓得满满的，把追求的目标定得高一点。欲立志必立大志，"志当存高远"。正像美国第16任总统林肯说得那样："喷泉的高度不会超过它的源头，个人的事业也是这样，他的成就决不会超过自己的信念。"这是因为越是远大、崇高的理想，越能激励人的斗志，越能使人执着地追求，做出不平凡的成就。特别是在当前激烈的竞争中，应该有这样的思想：不想当元帅的士兵不是好士兵，不想当科学家的学生不是好学生。人生在世，就要有雄心壮志，就要不甘平庸。

（3）将远大理想和奋斗精神结合起来

"千里之行，始于足下"，没有眼前的拼搏奋斗，理想只能化成泡影，将来哪一行的"状元"也当不成。古今中外名人成功的事例都证明了：冠军的奖杯里盛满的是苦练的汗水，科学家的发明证书上凝结的是奋斗者的心血，超人的成就要付出超人的劳动。

温馨提示
WENXINTISHI

只要早立大志，从小就踏踏实实地做起，人人都能成为国家的栋梁。要永远记住，人生是海洋，理想是灯塔，只有远大理想的光芒照射，才不会在暴风雨中迷失方向。

明确的目标是主动求知的动力之源

有目标才能有动力。明确的学习目标是自主学习成功的前提条件。美国近代心理学家布鲁纳说过："要使学生对一个学科有兴趣的最好方法，是使他感到这个学科值得学习。"目标是学习的动力，兴趣是学生最好的老师。只有明确学习目标，对学习产生浓厚的兴趣，才能完成学习任务。因此，青少年要明确学习目标，要认识到：今天的学习不仅是为了掌握一门知识，更重要的是为了发展自己的智力，培养自己的能力。我们每个人心中都应该有一个不断追求的新的目标。为了实现这个目标，我们才会去努力学习。比如有的学生认为考上大学，从此以后就可高枕无忧了，因而不思进取，更不用功学习了，这就是因为他没有了新的目标，没有了新的追求，上进心自然也就丧失了。

人只要还在成长着，他就必须不断地从一个目标走向下一个目标，没有了明确的目标，他的成长和进步就会停滞。所以说，确立自己的奋斗目标，是培养上进心的非常重要的一种方法，是自觉主动地学习的最佳途径。

青少年确立学习目标，要有科学性和计划性。目标从时间角度来分有以下三种：

（1）长期、全面的目标

在两三年或更长的时间里，想达到何种程度，或做什么。

（2）中期目标

是把长期目标分解成几个阶段，每个阶段要实现什么样的学习目的，以便实现长期目标。

（3）短期目标

即各学期的学习目标，有时还可以将各学期分为两个阶段，各阶段要达到一个什么样的学习目的。目标明确之后，在一定客观条件下，能否最终达到所确定的目标，就取决于目标实现过程的主观因素了。

目标意识是一把开启进步之锁的钥匙，人总是为着某种目的生活着，目标可以说使人们的生命有了动力，因为任何目标都有其应有的或者被赋予的价值。为了实现这种价值，人的心理上才会有一种要求自我努力的压力。我们正是在这种压力之下才产生了一种难得的动力，在这种动力的驱遣下，我们就不用家长督促，而积极主动地去学习。

┃温馨提示┃
WENXINTISHI

树立明确的学习目标，再辅以上进心的培养，如果青少年学生能够两者兼而有之，那么便拥有了驾驭成功、驾驭命运的能力。

自主学习，主动地求知

自主学习即是自觉主动地学习，是以一种积极而主动的心态去参与学习。自主学习的核心在于"自主"，强调个体独立、主动、自觉、自我负责地学习，强调对学习的自我定向、自我监控、自我调节和自我评价。自主学习能力是获得知识的最佳保证，是增加学习无穷乐趣的源泉。一个人如果具备了良好的自主学习能力，那他就能从生活和社会中获得更多的知识、更多的营养，就能成为一个真正的人才，一个富有创造性的人才。

做自觉主动地求知的青少年

自主学习是指自己主宰自己的学习，是与被动学习相对立的一种学习方式。它包括学习动机的自我驱动、学习内容的自我选择、学习策略的自主调节、学习时间的自我管理和学习结果的自我评价。

自主学习是在不受外界任何压力下的自觉主动学习，有着一种学习的热情。自主学习能发挥主观能动性，发挥学习的积极性，还能考验人的耐力与恒心，古今中外，有许多成功的典范：吕蒙、车胤、华罗庚、爱迪生、富兰克林……真是数不胜数。那么，在学习实践中，同学们如何实现自主学习呢？有以下4种途径。

（1）做好预习，加强自主学习意识

新的课程标准为学生确定了新的角色定位，即转变学习理念，强调自主学习，在课堂学习中始终处于一种积极、活泼、兴奋的状态，从而最有效地提高自己的自主学习能力。要达成这一目标，首要任务是做好课前预习工作。只有做好了课前预习，才能强化课堂学习的针对性，提高课堂学习效率；强化独立思考能力，提高自学能力；强化自我进取的情感体验，激发主动学习的动力。

（2）自主创新，拓宽自主学习时空

"自由是创新的源泉。"只有具备了充裕的时间和广阔的空间，自主学习才有基本保障。在学习中，学生要积极打破课内与课外的界限，实行课内外沟通、学科间融合、校内外联合，构建全新的学习时空。如学习《荷塘月色》一文，我们就可以彻底拆掉课堂的围墙，走出教室，亲近大自然，充分享受春天的恩赐，沐浴在鸟语花香中……让自己在自主学习的情境中，领会春天的勃勃生机与大自然的无穷魅力。

（3）综合理解，培养自主总结能力

培养总结能力是自主学习非常重要的一个方面。在学习过程中除了强调理解的个性化之外，同时接受他人的不同感悟也是非常重要的。学完每一课，都不能只停留在自己的理解感悟上，还要综合他人的理解从各个层面深入学习。因此老师每讲完一节课，都要积极地做总结。

| 温馨提示 |
WENXINTISHI

自主进行学习总结的方式不拘一格。既可做全面概括，也可就感悟最深的一点做总结。通过总结，对文章的学习深入了，往往还会有精彩的见解。

（4）选择环境，为自主学习创造良好条件

学习环境和学习有直接的关系。一个宽敞、美丽、宁静、舒适，具有和谐气氛、功能完备的学习环境，能使人静下心来自主学习；而一个嘈杂喧闹像农贸市场的学习环境，却怎么也不能让人安心学习，更不用说自主学习了。

以积极的心态自主地学习

学习如饮美酒，沉醉其中，乐趣无穷。其前提是要用积极而主动的心态去参与，这才是培养与提高自学能力的关键之所在。

有句名言叫作"书山有路勤为径，学海无涯苦作舟"，名言还需认真解读，这里在强调勤的同时还要加上强烈的学习愿望，要讲究学习策略技巧，也就是说只有勤加上浓厚的学习兴趣和良好的学习方法才能保证走上学习成功之路。对于"苦作舟"可以理解为学习过程中虽有困难、挫折，但经过努力克服了困难，战胜了挫折，就会得到更大的收获，产生更大的喜悦。所以对于会学习的人来说学习的过程是一种享受，是快乐的，应该是主动解决困难。对于同一件事若以不同的态度，采取不同的行动，便会产生不同的收获和体验。对于学习来说，若是以悲观的态度，消极地参与，懒于动脑，便会学无所获，感到很苦很累，枯燥乏味。若以乐观的态度，主动地参与，积极地思考，便会深入领会，系统而牢固地掌握，因而感到自我充实和丰富，从中体验无限快感。自学成功的关键是以乐观积极的心态，主动参与学习，品味学有所获的乐趣。

　　2008年考入北京大学的周慧宁同学对此深有体会，她认为：学习的时候应满腔热情、聚精会神、忘我地投入。当一个人的身心与学习的内容融为一体时，那你就会忘记外界一切使人烦恼的事，你就会更全身心地投入到学习中去，唯有如此，才能体察到知识的魅力和精神，才能品味到无限的乐趣。她以亲身经历举例说："有一个星期天，我独自一个人在房间里做数学题。周围很静，没有干扰，我很快就投入进去了。越做越深入，越做越有兴趣，忘了空间，忘了时间，忘了一切。当我真正感觉到饿的时候，已经是下午两点多了，时间已经过去了6个多小时！"这次她收获非常大，后来她用这天学到的方法很简捷地解决了高考中的一道大题。

　　积极主动地参与学习不仅为她赢得了时间，带来了乐趣，也增强了她的自信心。相反，在学习时，如果你不投入，三心二意，情绪烦乱，你根本就学不进去，就会如坐针毡，索然无味。董奇教授说："任何乐趣都来源于内心的体验。学习的乐趣也不例外，只有当你用脑思考，用心参与之后，才能真正得到它。没有心智的参与，你将永远享受不到学习的乐趣，而只能体验到一种被拒之门外的冷漠与苦恼。"可见，主动参与学习、积极思考是自学的重要条件。

忘我专注，积极自主学习不仅是治学成功的保证，也是无穷乐趣的源泉。

中国科学院院士陈景润教授曾深有体会地说："我只要一钻进数学这个自然科学的王国里，外面的事就都忘掉了。在充满公式、数字和符号的世界中，我感到兴趣盎然，富有奇特的诗意。"

| 温馨提示 |
WENXINTISHI

所谓以积极的心态自主学习，就是以饱满的热情、强烈的求知欲望，全身心地投入到学习活动中去，并要积极地开动大脑去思考。

培养自学能力以保障自主学习

自学能力，就是不依赖别人，或主要不依赖别人，通过自己的独立学习而获得各种知识的一种能力；或者说，是通过自己的独立学习而使自己成为人才的一种基本能力。它是自主学习的关键所在。

拥有自学能力即是掌握一整套科学的自学方法。只要真正灵活地掌握了一整套科学的自学方法，那就拥有了自学能力。

虽然自学能力与一个人的学历有一定关系，但是，二者并不是一回事。有的人高中毕业，但是基本上没有自学能力；还有的人虽然已经大学毕业，但是依然缺乏自学能力；而有的小学生却初步掌握了自学能力；还有的人根本没有上过学，他们不仅通过自学而获得了自学能力，而且通过勤奋自学成为科学家、文学家等对社会有用的人才。如果把自学能力和学历相比，二者哪一个对成才的意义更大呢？很明显，是前者。据教育专家统计分析得出，一个中学生已经基本上掌握了自学的方法，那么，如果不出现意外情况，他几乎肯定能成为一个人才，甚至一个优秀人才。可是，一个大学毕业生如果基本上不具备自学能力，那么，一般说来，他成不了人才，更成不了优秀人才。可见，自学能力对于一个人成为人才，具有多么重大的意义。

然而，自学能力并不是自己看书看出来的。"以看为主"的学习方法永远也获得不了自学能力；要么，即使有了一点儿自学能力，也不高。只有"以思为主"的学习方法，才能培养出青少年的自学能力。可以这样说，只要坚持"以思为主"的学习方法，坚持数年，一定会获得自学能力。说得更明白一些，自学能力不是"看"来的，而是"思"来的。换言之，自学能力不是通过记忆达到的，而是通过思考达到的。据有关统计，一般科技人才，他们的知识只有20%是在学校学得的，而80%则是后来自学的。应当说，这从一个侧面说明了自学的重要性。然而，自学并不光是学知识，而是学习和提高才能。即使在学生时期，有自学能力的人，他往往也是在课堂以外获得更多的知识、更多的才能。

| 温馨提示 |
WENXINTISHI

从某种意义上说，不会自学，没有自学能力的人，永远成不了一个真正的人才，也永远成不了一个创造性人才。

自主学习需制定明确的学习目标

目标是学习的导航灯，只有目标明确，才能够有效地聚焦个人的时间和精力；目标是学习的推动器，只有目标坚定，才能成功地跨越学习道路上的种种障碍。制定明确的学习目标，便是成为优等生的开端。

学习目标可以分为短期目标、中期目标和长期目标。具体的制定方法如下：

（1）短期目标

短期目标一般是指几个月或一学期的学习目标。如：晚餐前进行1小时的学习；将英语水平由C提高到B；提前准备学期功课；每天学习10个新的单词；每月读一本学校没有规定的书。

（2）中期目标

中期目标一般是指整个学年的学习目标。如：在班级进入前5名；提高自己的写作水平；将单簧管的演奏水平由二梯队提高到一梯队；加入科学俱乐部；生物学获得"优"。

（3）长期目标

如果正在读中小学，这些目标可以涉及高中或大学。如：参加中学里的一门大学预备课程；通过大学的录取考试；高中毕业前读完整部《红楼梦》或《三国演义》；25岁时至少阅读50本世界名著；学习一种主要的计算机语言；流利地使用英语。

| 温馨提示 |
WENXINTISHI

制定学习目标要现实可行，别苛求定得太多太广——每类不超过5种，同时鼓励自己向更高目标要求，并做出更大的努力。

目标制定出来以后，问问自己将如何实现自己的目标，需要培养何种习惯，需要什么帮助，要学习哪些预备课程。要制订一个逐步实现的计划，特别对中期目标和长期目标来讲更应如此。

最后，确定一个重新检查这些目标的日期。有些目标应当不时做出某些调整，某些兴趣爱好也应做出改变。让自己知道目标并不是具体详尽、固定不变的法规。

自主学习要制订科学的学习计划

中国古代大教育家孔子说过："凡事预则立，不预则废。"这句话的意思是：做任何一件事如果事前有准备，就往往能成功，而没有准备则常常会失败。

（1）合理计划是高效学习的保证

科学、合理的学习计划对于青少年来说，具有如下几个方面的作用：

① 促进学习目标的实现。每一个青少年都有自己长远的学习目标，而要实现目标，就必须脚踏实地、有计划有步骤地去学习，要从实际出发，安排好学习时间和学习内容。学习计划可以使自己的学习行动和学习目标有机地结合起来，每一项近期任务的完成都会使自己受到鼓舞，从而对学习产生一种潜在的动力，增强实现下一个目标的信心。这些在执行计划中受到的鼓舞和鞭策比来自家长和教师的表扬更及时、更有效。所以制订一个切实可行的学习计划，可以促进学习目标的实现。

② 可以磨炼意志。学习计划使学生的各项学习活动目标明确。有时在计划实施的过程中会出现困难，这时就要通过意志力努力去克服困难，排除诱惑，不断调整自己的行动，不偏离计划中既定的学习目标和任务，直到目标达成为止。在实施计划中，每克服一个困难，完成一个任务，就会在享受胜利喜悦的同时增强克服困难的信心和勇气。若由于计划的不周而暂时没有完成，要及时总结经验教训，修改计划，争取新的胜利。在成功和失败的交替过程中，意志力会得到锻炼和提高。

③ 有助于养成良好的学习习惯。长期按学习计划办事，就会

逐渐养成良好的学习习惯，使学习生活有规律。这种习惯表现在每天的时间安排和学习方法的运用上。

时间安排上一旦形成习惯，到时间就起床，到时间就睡觉，该学习时就安心学习，到了锻炼时间就自觉地去锻炼，学习生活就会达到"自动"进行的境界。到了时间不去休息或锻炼，身上就不好受；到了时间不学习，心中就感到缺了点什么。

学习方法上一旦养成习惯，就会感到不预习就无法听好课，不复习就不能做好作业。这种良好的学习习惯会大大提高学习效率，提高学习质量。而这种良好的学习习惯是长期按照学习计划进行学习的结果。所以说，良好的学习习惯是学习计划和顽强意志的产物。

④ 可以提高效率，减少时间浪费。好的学习计划把学习、休息和活动的时间进行了科学的具体安排。如果自己在学习的时间多玩了一会儿，就会使计划中的任务完不成，而且由于学习顺序的渐进性，从而使计划中后面的多项任务受到影响。为了完成学习计划，一个用功的学生，不但不轻易浪费时间，而且在学习中十分注意效率。

计划性强的学生，什么时间做什么事都是确定的，所以他们干完一件事，马上就去干第二件事。这样，时间抓得很紧，就不会浪费时间。

| 温馨提示 |
WENXINTISHI

正像建造楼房先要有图纸，打仗先要有部署一样，成功有效的学习也必须制订好一套切实可行的计划。

（2）制订学习计划的基本准则

制订学习计划要科学、周密、切实可行，既讲究原则性，又具有一定的灵活性，不要让计划成为纸上谈兵。

制订计划主要是针对自己的课余时间而言的。因此，制订学习计划，必须从科学、合理地利用课余时间入手。

① 考虑全面。学习计划自然要多考虑学习的具体安排，但学习毕竟只是生活的一部分内容，不可能除了课内学习以外，将课余的一切时间仍然全部安排于学习。但其他活动，无论是好的方面还是坏的方面，都会给学习造成影响。因此，在制订学习计划时，必须将学习与其他各项活动统筹安排，除了学习、吃饭和睡觉等项内容不可或缺外，应该把娱乐和锻炼也考虑在内。

② 切合实际。计划反映的目标是理想，是一种可能性，其出发点应当是自己的实际情况。

那么，什么是实际情况，怎样才能切合实际呢？一般须把握好以下几点：明确自己的学习水平，确定计划学习的起点；明确可支配的时间，确定各个阶段的学习内容；明确学习任务，确定每天具体的学习安排。

③ 突出重点。制订计划要突出重点，不要平均使用力量。学习时间是有限的，但学习内容却是无限的，所以学习必须有重点。应该确保重点，兼顾一般。所谓重点，一是指自己学习中的弱项，二是指各学科中的重点内容。每个同学都可能有自己的弱项，有的感到外语较难，有的觉得数学问题较多，制订计划时就应该把这些情况考虑进去。

④ 具有灵活性。计划安排一般要有具体明确的要求和量化指标，以便于执行和检查；同时也不能过于呆板，以防没有任何灵活变通。一方面要紧凑，不浪费时间；另一方面也不能好高骛远，排得过满、过紧，而要留有余地，排出机动时间，保持一定的弹性和保险系数，以便于应付突发情况。

⑤ 突出科学性。脑体结合，文理交替，这是学习内容在计划安排上的一个基本准则。在安排计划时，不要长时间地从事单一的活动，而应该像学校的课时安排一样，学习一段时间后应适当休息；比较长时间学习以后，应当去锻炼或娱乐一会儿，然后再回来学习。计划中对学习科目的安排，要注意文理科交替，相

近的学习内容不要集中在一起学习。同时，要掌握自己的生物规律。计划中的学习和娱乐活动时间，应根据自己一天的智力活动规律合理地设计与安排。只有这样，才能大大提高计划学习的效率。

⑥ 注重长计划和短安排相结合。长计划是明确学习目标，大致的安排；短安排则是具体的行动计划。科学研究表明：将目标和任务明细化，有利于目标的实现和任务的完成。这就是长计划要和短安排相结合的原因。

⑦ 制订计划，因科制宜。各门学科都具有自身的特点、规律，只有根据自身的情况"因科制宜"，制订不同学科的学习计划，才能各个击破。在制订分科学习计划时，还需要注意以下几点：根据各学科进度及特点，制订全学期学习的总目标和时间安排。

根据自身优势和劣势学科情况，制订各科学习的具体措施和时间安排。

⑧ 既有重点，又不偏科。学科的重点指的是三个方面：一是主要学科（如中学的政治、语文、数学、英语、物理、化学）；二是在某一学习阶段，主要学科中学得比较差的学科；三是某一学习阶段，非主要学科中学得比较差的学科。

防止偏科是因为各门功课的知识是相互联系、相互影响的，偏废了哪一学科都必然影响学习质量和学习能力的全面提高。不偏科绝不是说要半均使用学习时间和精力，而是在总的学习过程中，一方面应把主要的时间和精力用在主要的学科上，特别是用在主要学科中的薄弱部分上；另一方面也应抽出部分时间和精力用在其他学科上。

| 温馨提示 |
WENXINTISHI

要从各学科学习的实际情况出发，合理地分配时间和精力，使各学科都能得到恰如其分的学习时间和精力。

（3）制订学习计划的具体要求

学习最忌讳盲目。常有这样的人，面对教科书，一会儿翻翻这本，一会儿摸摸那本，最终却不知道自己该做些什么。这种情况在很大程度上都是由学习无计划造成的。

制订学习计划，首先必须注意三个问题：

一要明确所要达到的目标。比如：是要夯实基础，还是要提高答题能力；是要应付即将到来的一次会考，还是面向高考等远期目标，这一切，心里一定要有一个底。

二要自身的定位。明确自己掌握了哪些，欠缺了哪些，优势在哪儿，劣势在哪儿。

三要时间的允许。最主要的应该是让学习计划有时间可执行，而不至于成为一纸空文。

要充分地利用时间搞好学习，离不开制订计划和日程表。计划是指对学习的长期打算和安排，而日程表是指处理现在的学习任务较具体的逐日计划。

要制订学习计划，不仅要遵循上述的一些基本准则，还要体现如下一些具体要求：

① 要从实际出发，讲究实效。做什么都要讲求实效，要量力而行。在订计划时，要充分考虑自己的实际能力和水平，突出重点。目标任务不要订得太高，否则还不如不订。对那些自己学起来感到吃力的学科，可以多分配一些时间；对自己困难不大的，则相对少花点时间。

② 要和老师的教学同步、协调。计划的目标是为了提高学习效率，是为了帮助自己学习，因此要处处与老师的教学配合协调、同步，只有这样才会促进自己的学习。

③ 要张弛有度，留有余地。计划毕竟是一种设想，并不等于现实，在付诸实施的过程中，还可能会受到各种各样的突发情况的影响，因此要留有适度、灵活机动的时间，做到张弛有度。

④ 要留有适当的休息时间。人的大脑活动是有一定限度的，用长了就会产生厌倦、疲劳的感觉，效率就会降低，如果在安排时间表时一点休息时间也没有，那么连续学习两小时，就会出现厌烦、注意力不集中和对学习内容不满的情绪。所以在安排时间时，应设计出相应的休息时间。

掌握正确高效的自主"巧"学法

学习不仅需要"勤"，而且更需要"巧"，从某种意义上说，"巧"比"勤"更为重要。

学习应当是一个"勤"与"巧"相结合的过程，这两个方面都是非常重要的。只强调勤学，不重视巧学，是不正确的；同样，只强调巧学，不重视勤学，也是不正确的。这里所讲的巧学，即是学习方法问题。"巧"就是巧学，就是用科学的学习方法去学习。很多人讲学习的奥妙、成才的奥妙，奥妙是什么？其实，奥妙就是一个学习方法的问题。

学习方法可区分为两个部分，即基本学习方法和具体学习方法。基本学习方法具有一般性、普遍性，对一切人都是适用的。而具体学习方法，则又区分为两个部分，其中一部分对大家都是适用的，另一部分则因人而异。"学无定法"，应当是指这一部分。

学习的基本方法，既不受学习内容的限制，又不受学习空间的限制，也不受学习时间的限制。也就是说，不管是在什么地方，也不管是在什么时候，这些基本学习方法都是适用的。

有的人说，读书没有定法，学习没有定法，这种说法具有片面性。对于一部分具体的学习方法而言，一个人一个方法，对此可以说学习无定法，仅此而已。"学习无定法"不仅对基本学习方法不能成立，同时对于某些具体的学习方法来说也是不能成立的。比如说，"在记忆的基础上加强理解，在理解的基础上加强记忆"，这一正确学习方法就是对一切人都适用的具体学习方法。

没有一定学习方法的人，是根本不存在的。每个人从生下来，父母就开始教他说话，教他记事，教他思考。在这个过程中，孩子同时就学到了一定的学习方法。后来，在学校学习的过程中，逐渐向前发展了，而且逐渐固定下来，从而，每个人都形成了自己的一套学习特点，自己的一套学习方法。

| 温馨提示 |
WENXINTISHI

在人与人之间，不是有学习方法和没有学习方法的区别，而是这样的学习方法与那样的学习方法之间的区别；是学习方法多与学习方法少之间的区别；是学习方法科学与不科学之间的区别。

科学合理地利用有限的学习时间

　　青春易逝，光阴匆匆。中学短短几年的学习时间，如果不能紧紧抓住，充分利用，就会转瞬即逝。荒废了时间的学生会终生后悔。高效率学习，体现在合理地安排时间并充分利用每一分钟的学习时间，以使有限的时间产生最佳的效益。同时注意劳逸结台，张弛有度，该学习时全神贯注，该休息时身心放松。具有这种良好学习习惯的学生，其学习效率必然会明显地胜人一筹。

让每一分钟的学习都产生效果

人们形象地把时间比作河流。黑格尔称时间"犹如流逝的江河，一切东西都被置于其中席卷而去"。时间具有不可逆性、瞬逝性的特点，所以要求每个学习者都要学会运筹时间的方法，以培养自己利用时间的能力。

时间是公正的，在时间面前人人平等，人们在学习中要着重解决善于利用时间的问题。爱时间就是爱生命，爱生命的每一部分。

霍尔巴赫说："我们的生命是无数必然时刻的一种连续。"对每一个人来说，每天都是24小时，对谁都不偏不倚，问题在于你是否能充分利用它。时间是个常数，也是个变数，善用者则多，妄用者则少。

数学家华罗庚说："凡是较有成就的科学工作者，毫无例外地都是利用时间的能手，也都是决心在大量的时间中投入大量劳动的人。"

前苏联昆虫学家柳比谢夫从26岁就开始实行自己的"时间统计法"，每天都要进行核算，日清月结，年终总核算并订出下年的计划。他还有自己一生中的许多个"五年计划"。五年之后就把自己的时间支出和事业成就做一番对比研究，从中找出得失，吸取教训。直到他去世的那一天，56年如一日，从不让时间白白流逝，所以他的一生取得了很大成就，发表了70余部科学著述，而且每篇论文都有时间的"成本核算"。请看看他《论生物学中运用数字的前景》一书的"成本核算"。这是他写在手稿的最后一页上的：

准备提纲（翻阅其他手稿和参考文献）14小时30分。

写作29小时15分。

共费43小时45分，共8天，1921年10月12日到19日。这多么像一个时间的"会计师"，从原料到加工，到完成产品，都有详细的成本核算，都要登记入册。

正因为时间的宝贵，一些有识之士便想法让人们学会珍惜时间。居里夫人的会客室从来不放坐椅，使来访者难以拖延拜访时间。这样的做法，可能有人认为太过分，甚至也可能认为是一种"不幸"。然而屠格涅夫说得好："没有一种不幸可与失掉时间相比了。"

温馨提示
WENXINTISHI

没有时间的保障，任何学习都是不可能的。作为青少年，应该学会统率时间，驾驭时间，充分地利用好时间。只有这样，才能在有限的时间内高效、高质地完成学习任务。

现在，青少年的学习负担较重，每天都有大量的作业要做。如果时间抓不紧，或是安排不好，那就更麻烦了。尽管天天忙得不可开交，学习的收效却不大，同时又浪费了许多时间，得不偿失。

那么，怎样才能有效地利用时间呢？

时间的利用，关键在于掌握利用时间的方法和技巧。只有巧妙地管理时间，合理地利用时间，才能发挥时间的最大价值。

（1）制订计划

列一张单子，写下所有要做的事，然后分门别类计划好。这样，能使较复杂的事情变得容易处理。而且每完成一小步，就会有成就感。

（2）分清轻重缓急

先做重要的、必须做的事。不要尽挑最容易、最喜欢的事下手。分清轻重缓急，是高效率学习的重要原则和基本方法。

（3）专心致志

改掉心不在焉的习惯，加强自我约束，将干扰降低到最低限度。例如：不完成预定计划，就不看电视，就不出去玩；对别的同学不合理的要求学会说"不"。

（4）提高效率

找出处理问题的最好方式。例如：老师布置的作业记不清了，如果用电话可以问，就不要跑到同学家去。

（5）巧用时间的"边角料"

饭前饭后、等候公共汽车时、上学放学的路上，都可挤出十分八分钟的时间用来阅读、回忆或思考一些问题。俗话说"巧裁缝不厌零头布，好木匠不丢边角料"，几分几秒的时间，看起来微不足道，但汇合起来就大有可为。

把握学习节奏，顺应人体生物钟

每个人都有自己的时间节奏，身份不同、职业不同、生理和心理差异不同，各自的时间节奏也就不同，以青少年而言，有些人无论怎样学习、怎样努力都无法取得好效果，这就是内外节奏不能协调的缘故。

要想调整好内外节奏，首先就不要强迫自己改变内部或外部的时间节奏，而应利用循序渐进方式慢慢融合，如在疲倦时不要强迫自己学习，在精力充沛时也不要随意浪费时间等，将内部与外部时间作最佳调节融合，就能达到最佳的学习效果。

如果你留心过自己，就会发现，在同一天的清晨、上午、中午、下午、傍晚、深夜等不同时间里，你的思维效率是不同的：有时精力充沛，才思泉涌；有时昏昏欲睡，思路迟钝。

疲倦时，不强迫；精力充沛时，不浪费。内部时间与外部时间调节融合，达到最佳学习效果。

虽然这两种状态下脑细胞的工程程序是相同的，但在高效用脑时间里，大脑接收、整理、贮存信息以及输出信息的效率比其他时间都高，而且容易引发灵感的闪现。为什么在一天的各段时间里，人们的思维效率有高有低呢？

科学研究证明，在人体内，有一种特殊的机制在控制、调节着人的生理和病理活动。俄罗斯的脑生理学家和医学家，通过对许多人的脑生理活动的观察和研究，对人们大脑的生理节奏做出如下两种分类："猫头鹰型"和"百灵鸟型"。

（1）猫头鹰型

属"猫头鹰型"生物节奏的人具体表现在：一到夜间，脑细胞即转入高度兴奋状态，精力集中，思维十分活跃，工作效率极高。这一点，由于特殊的工作性质，作家表现得较为明显。

鲁迅先生白天会客、读书、看报、积累创作素材，而在夜间挥笔著文，常常写到翌日凌晨一两点钟；法国著名作家福楼拜习惯通宵写作，他房间里彻夜亮着的灯光，竟成了塞纳河上船夫的航标灯；英国作家狄更斯有"夜游"的习惯，他在夜间走街串巷，然后到 个下等公寓或酒馆坐下，掏出纸笔记录自己的思想；巴尔扎克更独特，他傍晚6点吃完晚餐就上床睡觉，而在午夜12点起床写作，他的助手终因不堪其苦而请辞。我国著名作家巴金和诗人何其芳也爱在夜间写作，常常是一发而不可收，不知东方之既白。

奇思常伴暮色来，一夜灯花几度红。差不多每个作家都有过失眠的痛苦和创造的欢欣。如同世上婴儿夜间出生的居多一样，许多美妙的作品往往产生于月朗星稀之际。

（2）百灵鸟型

"百灵鸟型"生物节奏的人在清晨和上午精神焕发，朝气蓬勃，记忆和创造效率较高，而晚上到了一定的时候，大脑的工作效率就降低了。作家姚雪垠、数学家陈景润，习惯在凌晨3点投入工作；俄国文豪托尔斯泰习惯于早晨写作；诗人艾青喜欢在凌晨起床写作，一直工作到早晨八九点钟，他们都属于这一类型。他们认为，这个时候头脑最清醒，思路明快。英国小说家司格特也有类似体会，他说："我的一生证明，睡醒和起床之间的半小时，非常有助于发挥我创造性的任何工作。期待的想法，总是在第一睁眼的时候大量涌现。"

除了以上两种类型的生物节奏外，其实还有一种混合型的人，这种人无所谓白天还是黑夜，只要静下心来，马上就可以进入学习、工作的高潮。

劳逸结合，利用好最佳学习时间

一个人一天究竟学习多长时间效率最高，这就是我们要掌握的学习时间的最佳点。这个最佳点，实际上就是时间、效果与疲劳之间的转折点。它是一个变数，因人而异，因学习内容、类型的不同而有差别。在学习过程中，你感到疲劳的时候，一般说就是从"最佳点"开始转折的时候，这种信号告诉你应当立即变换花样，去干另外一件事，使脑子得到休息，使时间不至于"低耗"。

日本在刚铺设铁路的时候，火车时刻表的制定是一位叫贝兹的英国技师一手包办的。当时的日本人怎么也想不明白列车如何才能互相错过，如何使它们互相避开。

贝兹先生躲在专用的办公室里，一个人从事着他的工作，不对任何人说出其中的秘诀，所以大家还以为他用的是什么高超的"魔术"呢！

后来，一个偶然的机会使铁路局领悟到其中的奥秘，那是叫作"时刻序列"的玩意儿，以距离为纵轴，以时间为横轴，将火车的动态用线条来表示。而贝兹正是找到了一个恰当的时间点，使火车可以互相避开。一旦找准个人学习的最佳时间点，经过长期合理的使用，便可以形成习惯节奏和规律。比如，一天之中几点钟干什么、接下来又干什么，有条不紊。时间长了便自成一种用时节律。在这规则的时间节律中，头脑最清醒的时间无疑要用来背诵、记忆、创造，其他时间可以用来阅读、浏览、整理资料、观察或实验。合理地安排时间将会提高你的学习效率。

有的人白天精神好，回到家马上变成泄气的皮球，不管三七二十一，马上上床睡一觉再说；有的人习惯三更半夜不睡觉，晚上躲在被窝里听音乐当夜猫子，越晚精神越振奋。可见，每个人的生物钟都不一样。

其实，大部分人的生活习惯是相似的，一般是晚上十一二点就寝，白天六七点起床。然而一天之中，一定会有精神特别好与精神特别差的时段，同样用功一小时，如果精神充足，效果当然好；倘若精神萎靡，效率自然降低。经常保持充满干劲的情况，读起书来当然令人称心如意，但一天当中最有精神的时间因人而异，我们必须依照自己的生物钟，安排精神最好的时段来进行阅读。

一般人的休息时间约从晚上六七点开始，如果你长久以来都先吃饭、洗澡，然后再开始学习、记忆，结果却一直觉得这段时间的学习效果不好，建议你不妨回家后先睡觉，晚点再开始阅读。此时夜深人静，沸沸扬扬的城市喧闹声以及家中干扰你念书的电视声都已陷入沉寂。

至于会赖床、只睡四五个小时很难恢复清醒的人，或是半夜一个人读书会害怕的人，建议你不妨再将时间往后延，试试早晨起床读书，这也是阅读的好时段。

　　根据个人的生理特点找出可以让自己达到最高效率的读书时间，这样学习才能达到最佳的学习效果。

　　你可以尽量多方面地尝试，将不同的时段混合运用，如晚饭后把当天阅读过的内容趁印象还清楚时回忆一遍。然后在八九点左右上床睡觉，早晨再起床读一些辅助学习的书。如果你发现自己晚上精神最好，可以选择回家后马上睡觉，晚点再来学习，睡觉前，把当天要上的课程内容预习一遍以加强印象。总之，就寝和起床时间可依个人需要适当调整，不必强迫自己，找出一个最自然、最能符合生物钟的时间为上策。

调整差异，有效支配清醒着的时间

　　学习时间越长越好吗？不，因为学习效率并不是靠量而是靠质来决定的。超过晚上12点的学习自然是无效率的，通宵学习则是效率最差的学习方法。关键问题是一天当中什么时间学，以及用什么方法学。有效利用清醒着的时间，这是专家们所推荐的学习方法的重要法则之一。

　　想在同样的时间内得到更大的成果，尽量有效地运用清醒着的时间十分必要。事实上，将每天的努力集中于这段时间，比缩短睡眠更有效果。

　　比如，甲一天睡5个小时，扣掉吃饭及休息时间2个小时，可以使用的可能有17个小时，但因睡眠不足，所以生产力每小时为5个单位，如此一来，甲一天的生产力为17×5=85个单位。乙则每天睡

8个小时，像甲一样需要2个小时的吃饭及休息时间，一天则有14个小时可以使用，其每个小时的生产力为8个单位，乙一天的生产力为14×8＝112个单位。很明显，即使甲仅睡5个小时，乙则睡8个小时，但是，乙的生产力还是比甲高。

所以，有效利用时间必须考虑时间的质与量的因素。

如何利用好学习或休息时间，如何分配好这些时间，这对在学校里学习的青少年来说是一件很重要的事情。

在不用功的学生多的班级，如果想在课间念书，就有可能会受到同学的干扰。当看到他人在努力时，他们就会由于嫉妒而产生要去影响别人学习的思想，我们一定要对这种心理有所防备才行。

假使周围环境不利于阅读的因素很多，也可以再想一个妥协方案出来。尽量不要给周围人太大的刺激，例如：翻开教科书，先将习题之中已经知道了答案、只要再写一点上去就做好了的地方留下做，将这些部分很快地做完之后，阅读前后的部分。假设考试前还有时间，就可以读一些虽然对考试没有直接用处，但是间接会有帮助的文学作品或其他书。不管环境怎样，总是能够想出办法克服的。

除此之外，还有另一个增加时间的方法。一般来说，在看了一小时书之后，要有10分钟或15分钟的休息，因为如果同一种东西读了一个小时以上，效率就会降低。因此，为了要恢复效率，非得休息不可。但只要体力够，就不需要这样的休息，不过，要更换阅读的科目。变换阅读科目，也可以当作一种休息。利用这种方法可以加强读书的密度。

例如，假定用一个小时学习数学，时间到了以后不要休息，继续把公式或定理抄在卡片上，这个约做15分钟。这段时间，手虽然在动，但是头脑在休息。写了15分钟的学习卡片后就停止，然后再去记忆一些英文单词。以这种方式轮流交替，不要停止，这样一方面可以使疲倦的部位得到休息，另一方面可以启动其他的部位。

每一个科目或不同的内容，运用到的身体部位也有所差异。如果能够高明地调整这些差异，就可以不需要休息。若是一直坐着身体会累的话，那么可以在房间里来回走动，或躺下来，一面看笔记，一面出声背诵。眼睛疲倦的时候，可以看比较大的字体。因此，没有必要累了就休息，而是应该考虑让身体疲劳部位休息，使用另外的部位才是。

这个方法对面临中考与高考的青少年特别有益。按照这种方法去做，可以逐渐增进集中力，从而能够更专注于书本，而且能够形成另一种有利的个性，就是能够从一件事很快转移到另一件事上面。换句话说，能够让脑部的运作快速转换。

分清主次，有条不紊地学习

青少年要善于把一段时间与计划结合起来，切忌人为地把整段时间裁剪成零碎的片断。一件重要的计划刚着手，就随便丢下而去做其他不重要、不紧迫的事，结果就会零打碎敲，分散了时间，以致事倍功半。比如，你原计划两小时内做完一套练习题，可你一会儿削铅笔、找橡皮，一会儿上厕所，一会儿与同学看相片，看了相片又想起还要给朋友写信，如此等等，自然就完不成任务了。

成绩最优秀的学生，往往并不是头脑最聪明的学生，最重要的是，他们知道如何充分利用学习时间。就像那些人们常常谈起的全优学生。

毕业于天津南开中学的罗曼同学就是一个典型的善于充分利用时间的全优学生。罗曼是南开中学乒乓球队的队员，同时还是校乐队的队员，并在校学生会任职；另外，她还参加了数学兴趣小组。在南开中学学习期间，她的功课门门优秀，是全年级有名的全优生。

每当各科老师纷纷布置一大堆作业时，罗曼就制定出一个相应的时间表，把用于做每科作业的时间做了比较详细、合理的划分。这样一来，罗曼就不像其他学生那样，面对这成堆的作业，感叹无从下手了；也不像他们顾了这一科，不知不觉中就误了那一科。"我的时间表制定出来之后，"她说，"每次学习起来，我都能做到得心应手，游刃有余。"将所要学习的科目或所要读的书，按轻重缓急划分成若干等级，依据"照顾重点，兼顾其他"的原则，安排出详细的时间表，这是制订学习计划的基本要素。

按"等级分配"法制订学习计划，能使你抓住重点，获得举一反三的效果。

哈佛大学研究"时间管理"的顾问建议：采用"等级分配"方法，将2天或1个月内所要做的事项列出来，依轻重缓急安排好。将最重要最迫切的事列为A等；次者为B等；可做可不做，没什么重大意义的事列为C等。A等的事，安排较多的时间和精力最充沛的"顶峰期"去做；B等次之；C等可安排一些零星时间，或者干脆不做具体安排，有时间就干，没时间就算了。各个科目的学习，也分成若干等级，比较重要的，或者需要重点努力的课程列为A等，其余类推。

这样，你就能抓住重点，以主带次，有的放矢，有条不紊地进行学习，获得举一反三的效果。否则，东抓一把，西抓一把，杂乱无章，无所适从，本末倒置，劳而无功。

安排学习，一定要有"每天计划"。有一位时间管理专家曾说过："长远的计划只会使人消沉。"又说："如果想使目标早日实现，除长远计划外，你还必须制订每天计划，使生活组织化、规律化。"人非常容易倦怠，也非常健忘。所订的计划太远太大，一时实现不了，就会失去新鲜感，使人厌倦、消沉。常常有这样的现象发生：一个星期或一个月的计划，因为一天两天的耽误，无法如期完成。于是越拖越久，越积越多，终于变成为计划而计划，完全忽略了计划的目的是什么，计划要帮助我们达到哪些效果。这样的计划就变成了纸上谈兵，失去了它本来的意义。

所以，我们应该养成一个习惯，随身带一个日记本，每天早上或晚上制订好第二天的计划，越详尽越好。第二天结束时再仔细核查一下，完成了多少，还有哪些未完成，然后，列出下一天的计划，如此周而复始。这就是根据日记来检讨"计划中的一天"和"实际上的一天"之间的差距，并找出产生差距的原因，以便在下一天中采取相应的措施缩小这种差距，使计划恢复原有的意义。

我们不要过分地注重长期计划和远大目标。只要能确保每天的计划按时完成，养成当天的事情当天完成的习惯，无形中也就完成了星期计划、月份计划等长期计划。

| 温馨提示 |
WENXINTISHI

对时间计算得越精细，事情就做得越完美，如果在学习上也能以"分钟"为单位，严格要求自己，在规定的时间里完成规定的学习计划，那么自由散漫的态度，不珍惜时间的习惯就能彻底根除。

每门学科都能使头脑产生不同的反应及不同程度的思考活

动。由于各人的差异不同，每个人也都有自己喜爱的学科和感到头痛的科目。根据心理调查，就一般人而言，最容易使头脑疲惫的学科是外语和数学。因此，在安排课程或学习进度时，要尽量避免在同一天内安排外语课和数学课，或其他令人头痛的学科。并且，这些科目的学习时间应尽量安排在头脑最活跃的时候，即上午10时，才能增进学习效果。

拉开时段，利用好空当时间

相信许多人一定有这样的习惯，非到中午12点绝不进餐，或是不到晚上6点不会有想用晚餐的念头。尤其是商业区或学校附近，中午12点一到，就可以看到人群接踵而至，每家餐馆挤满了人，这与12点前10分钟的门可罗雀的景象有着天壤之别。其实，只要提早10分钟或延后半小时，就可以避开人潮了。

或许有人会这样认为，学校的午休时间都安排在中午12点，人挤人是无可避免的。但许多人还是会把这样的"生活作息"复制到非工作的日子中。在实施一周休两日制度后，不少人对休闲活动更加重视，每到假日，风景区、娱乐场所总是人满为患。看场表演可能需要排上1小时的队才能买到门票；到风景区的路上车流量大，花了不少的时间在车阵中缓缓前进，等到踏上归程又是饱受塞车之苦；用餐时，非得到了习惯的时间才肯到餐厅，结果餐厅内座无虚席，等到客人离开可能需要再等个半小时。

其实，错开不好的时段，情况就完全不同了。达尔文说："我从来不认为半小时是微不足道的一段时间。"一个人如果认识到学习的重要，看到自己和别人水平的差距，就会感到时间的紧迫，就会自觉地去利用空当时间。空当时间最好用来学习自己最喜欢的学科，以集中自己的注意力。

选择看早场的表演，或是等到非假日再去观赏，如此就不用花时间在排队上；比一般人提早或延后2～3小时前往与离开风景区，除了在风景区停留的时间不会减少，也能避掉因人潮造成的塞车之苦；一般人习惯12点用中餐，如果提早10分钟到达餐厅，一定可以轻松地找到座位。

相似的情况还有很多，有些习惯会使我们不知不觉陷入不利的情境中，如果能及早错开不好的时机，在时程上做些调整，就可以节省下不少的时间。

在日常生活中，只要你稍微注意一下，就会发现不少的零碎时间。如上学路上、等车的时候、饭前饭后等。关键在于，利用零碎时间，要巧妙、得当。比如，等车时间，可用来背公式；课间可用来背记英文单词；上学路上，回忆回忆学过的古诗文；饭后散步，可用来观察事物，思考问题；早自习之前，拿出书看看；入睡前躺在床上，可以回忆、复习当天的学习内容，等等。

这样做的目的是不让点滴宝贵的时间白白流走，但并不意味着要把所有的时间都用到学习上。应该张弛有度地规划时间，劳逸结合。乘公车时，突然想到了一道题的解法，马上把它写下来，避免下车后就忘记——这就是真正把握了零碎时间。

很少有人注意，零碎时间的掌握足以叫人成功。在人人喊忙的现代学习中，一个愈忙的人，时间被分割得愈厉害，无形中时间也相对流失愈迅速。其实，如果每个人都能养成一些良好的习惯，将零碎时间拿来做一些重要的小事，就能达到意想不到的效果。爱迪生说过，一个天才需要付出九十九分努力，但是这并非在短时间内就能完成的，所以需要充分利用一些零碎的时间。

无论怎样科学运筹，每个人的生活中总会有一些零碎时间。

空当时间通常无法预先加以计划，这时心里大概不会有什么谱，若要先进行其他工作，可能会嫌时间不够。这时不妨处理一些枝尾末节的小事，或是准备往后工作或课业所需要的资料。比如可以利用这短短几分钟的空当时间整理课桌上的书本、文具或是归类这几天收到的作业。

一个上午学习下来，你的课桌可能早就凌乱不堪。找支铅笔就像是捉迷藏，需要翻箱倒柜一番。不如利用空当时间整理课桌，把文具集中定位，将桌上的书本分门别类放入书包里，清除过时失效的资料。再者，你也可以利用整理课桌的同时，把接下来的几项学习所需要的课本特别挑出来放置。如此一来，你会发现当需要某本书或工具时，你就不必再翻箱倒柜，而且在进入下一门功课时，直接翻开早就准备好的资料，会更得心应手。

准备你专属的"活用空当时间计划"。这份计划不需要纳入繁杂困难的工作，只要考虑一些简单、不耗时、随时可中断的工作即可。积少成多、聚沙成塔，活用空当时间，把这些小时间做有效的利用，累积下来也是相当可观的。

英国女作家艾米莉·勃朗特自小家境贫寒，她必须负担许多家事及家计，每天洗衣、揉面、烧饭的工作都让她从早忙到晚。但她在厨房时，都会随身带着纸和笔，当她面团揉累的时候，就把想到的灵感写下来，就这样一边工作，一有灵感就拿出纸和笔写下来，而这些纸上的内容就是家喻户晓的经典文学名著——《呼啸山庄》。

与空当时间有所不同，间隙时间指的是在既定行程间的空隙，或是工作进行中的等待时间。例如：两堂课中间的休息时间，炖一锅肉时把材料放入锅内后用火闷炖的等待时间，看电影前的排队时间或是等待入场的时间，转乘公车时所花的等待时间，都是间隙时间。

间隙时间通常是固定地包含在一天的生活作息中，这也是与临时获得的空当时间最大的不同之处。只是间隙时间总是断断续续，通常为人所忽略。

虽然是断断续续，如果能把握注间隙时间，都是学习的良机。

每一个学生都不要找借口说自己没有时间，从而去逃避完成一些事情，时间像一块海绵，看似饱和了，其实还是留有许多余地的，关键在于你有没有去挖掘和利用以及怎样利用这些不多的"余地"。对于青少年来说，空当时间也是宝贵的光阴，放过去了，也是"时不再来"的。每一个人都要把握住零碎时间，使我们的学习和生活更加充实。

多留意你的间隙时间，不管是等车、上下课，还是等看戏剧，千万别再让它们从指缝中溜走，任何的间隙时间都是学习的良机。

｜温馨提示｜
WENXINTISHI

成功不是唾手可得，但也不是遥遥无期，把握间隙时间，可以为你的学习过程添加不少的效果与实力。

掌握高效率的学习方法

方法是桥，它引导青少年从求知的起点通往成功的彼岸；方法是船，它承载青少年自由遨游浩瀚的知识大海；方法是捷径，它促使青少年会学巧学，活学活用，提高学习效率，实现事半功倍；方法是握在青少年手中的最有力的学习武器，它帮助青少年战胜自主学习之途中的各种困难，攻克主动求知过程的各种难关。

爱因斯坦说："成功＝艰苦的劳动＋正确的方法＋少说空话！"当然，我们强调学习方法的重要性，是建立在刻苦努力的基础之上，二者不可偏废！

正确的学习方法帮助青少年走向成功

学习任务好比过河，高效的学习方法好比桥和船，不解决桥和船的问题，就永远过不了河；同样，不解决方法的问题就很难将学习真正搞好。如果青少年没有掌握正确的学习方法，纵然有满腔的学习热情，有自觉主动地学习的十足精神，但也只会蛮学苦学，于提升学习成绩无益，于提高学习效率无补；相反，由于低下的学习效率会使青少年逐渐失去学习的兴趣，从而放弃自觉主动地学习。

2000年高考时，山东省蓬莱市某所中学，出现了这样一种有趣的现象：一位平时学习十分勤奋者被老师和同学誉为"拼命三郎"的苏志恒同学以3分之差名落孙山，而另一位平时的表现不但那么刻苦，甚至有些贪玩的刘亚飞同学，却以超出分数线80多分的好成绩被清华大学录取。这是为什么？"拼命三郎"为何榜上无名，而"贪玩小子"却跨进了名牌大学的校门？

难道是命运在捉弄人？不是，这两位同学的任课老师一致指出，苏志恒同学虽然刻苦用功，但不注重掌握正确而有效的学习方法，是一种"死"学；而刘亚飞在学习各门功课时，很注意采用适合自身的高效的学习方法，所以平时的学习就显得很轻松，虽然没有苏志恒的"拼命"样子，但每次考试成绩都排在苏志恒之前，所以一举考入清华便是很必然的了。

大量实例表明，许多学习尖子都非常重视采用正确的学习方法，能及时地管理自己的学习，不断地总结学习经验，形成一套适合自身的行之有效的学习方法，从而不断地获得学习的成功。

已于2000年考入北京大学光华管理学院的某省的一位文科高考状元深有体会地说："勤奋不等于死读书，而是应该去寻找适合自己的灵活的学习方法。"这位同学很勤奋，但他更重视正确的学习方法。他爱玩，他更会学，无论是上课还是自习，他都集中注意力，专心致志，不受干扰，讲究方法，提高效率。所以他成功了。

美国哈佛大学心理学院"学习方法"研究课题组公布的一项研究成果表明：学习成绩的提高不仅需要学习热情、勤奋、毅力和坚强的意志力，而且更需要有正确的学习方法。该项研究成果中指出：学习水平与学习方法有着密切的关系。在影响学生学习的二十个因素中，学习方法居第三位！学习优秀生与后进生在学习方法方面的差异非常显著，即后者在学习方法掌握和运用水平上明显落后于前者。此项研究成果还表明：超常学生在学习能力和学习成绩方面之所以优于其他学生，主要是由于他们更善于运用各种学习方法，更善于调节、控制自己的心理状态和学习活动，并能及时发现和纠正自己不正确的学习方法。

总结这些活生生的事实和研究成果，青少年应树立这样的观念：掌握正确而实用的学习方法，不仅能快速提高学习效率，取得良好的学业成绩，获得事半功倍的效果，而且有助于学习潜能的发挥和学习能力的不断提高。高效的学习方法，是自觉主动地学习的青少年应该掌握的学习武器，是青少年通往学习成功的"金色桥梁"。

┃温馨提示┃
WENXINTISHI

凡会学习者，学习得法，则事半功倍；凡不得法者，则事倍功半。所以青少年一定要掌握好学习方法，以促进学习的主动性和积极性。

SQ3R 学习法：浏览、发问、阅读、背诵、复习一条龙

有些学生读书成绩还过得去，令父母伤透脑筋的是，他们常在考试后很快忘记刚记下的内容。

平时，大部分学生每天都会在放学后很快地完成当天的作业，之后便出去玩。在做完作业后，大部分学生不再做任何预习或复习，直到考试时才复习或背诵。

这种学习模式存在于一般学生之中。其实，只做老师布置下的作业，并不等于就是把老师所教的已全都学好，而且吸收得也不完整，所以容易忘记。

SQ3R学习法是美国研究得出的，是一套比较完整的学习方法，得到大多数教育家推荐。

不妨把SQ3R学习法推荐给孩子。SQ3R是配合了人类的理解、记忆等过程研究得出的，对帮助读书非常有效。所谓SQ3R是指"Survey"浏览、"Question"发问、"Reading"阅读、"Recite"背诵和"Review"复习共五个过程。

（1）浏览

先把未教的内容大略看一次，大概掌握文章的内容。方法是先看文章的大、小题目和图表，这些能简单地表达一些重要的内容。浏览了课文之后，要说出课文的主题、用什么手法来表达主要的思想、文中的主人公性格如何等。

（2）发问

发问之前先要弄明白文章或课文内容，发问是要问自己不懂的地方。如果对文章内容还不明白，是不能问出好问题的，这样的发问不能帮助学生对课文做进一步的理解。

（3）阅读

阅读有很多种方法，上述的浏览是其中的一种。这里所说的阅读是在浏览之后的仔细阅读。方法是认真细读一字一句，有需要的话可以做笔记，或用颜色笔把重要的句子画出。通过阅读，要求能充分地掌握文章的内容和主旨。

（4）背诵

把文章的重要部分用心背诵下来，当有需要时，便可以自如地把背诵的内容应用出来。背诵的内容可以是文章、定理、主题等。

（5）复习

复习对学习很重要，而且需要有一定的方法。有心理学家指出，在学习新内容时的五至十分钟内是记忆的最高峰期，随后便会忘记。在24小时后，便会忘记大部分内容。所以学生应在学习的10分钟内背诵重要的内容。在24小时内，即放学回家后，把所学的内容重温一次，防止遗忘，并加深记忆。之后在一个星期内再重温之前所教的内容。

不要以为一个星期的内容很多，无法温习好。事实上，只要之前的背诵、问题解答做得好，复习只是重新记忆一次，用的时间与第一次有很大差别，而效果则是能把所教的内容全都记住。实在应该好好利用这方法。

| 温馨提示 |
WENXINTISHI

学习方法谈到底是一种工具，如不去切实付诸实践与应用，那再多的好方法也是无济于事。广大青少年快在自己自主学习中验证运用新方法的奇效吧！

五官与脑齐上阵的多感官学习法

很多青少年以为学习最要紧的是乖乖地坐在桌子前读书，然而大家有没有考虑过光是坐着读书，会让他失去很多学习和发展潜能的机会。

学生芳芳一向很乖、很静。妈妈要她做作业她总是乖乖地去做。由于性格内向，芳芳一向都很少参加其他的课外活动，妈妈也顺着她的意愿让她在家自己看电视和玩娃娃公仔。芳芳乖的表现一向都受到其他父母的赞赏，所以芳芳的妈妈也很满意。

芳芳的读书方法通常是采取死记硬背的方式，即把文章或要记的内容读上很多次，直到把它完全记牢为止，即使遇到不太明白的地方也会把它背下来。在小学，这种死记硬背的方法足可以应付各种考试。由于成绩常名列班上的前五名，芳芳妈妈对芳芳的表现很满意。

芳芳的同学桦桦则活泼得多了，除了读书之外，还参加了多个课外活动，像朗诵、戏剧、球类等。在读书方面，桦桦的爸爸教了他很多"古怪"的方法。比如：读课文时，大声朗读出来；记成语时便来个角色扮演，你扮皇帝，我扮士兵；有时还利用联想，把要记的事项编成一个故事，然后就把这个故事记下来。很多时候爸爸带桦桦到公园、动植物公园去摸摸花、嗅嗅草、看看小动物，或自己动手做小实验。

在桦桦的爸爸刚使用这些"古怪"方法教桦桦读书时，桦桦成绩就进步了不少；过了一两年之后，芳芳和桦桦的学习能力有明显的区别。芳芳读得愈来愈吃力，成绩也渐渐滑落。而桦桦则如以前一样轻松，读书温习时加上了"玩"的成分，编故事、大声读，有时还上演一套戏让妈妈笑得眼泪直流。芳芳和桦桦在读书上最大的区别是，芳芳使用的是传统的方法，就是静静地坐着死读，而桦桦则是使用多感官的学习法。

我们的身体有多个感觉器官，包括：眼、耳、口、鼻、手和大脑。这些感觉带来的信息都可以进入我们的大脑，成为记忆。

所谓多感官的学习法，就是利用通读（用口读、用耳听）、阅读（就像我们平时的默读、用眼）、联想（把要记的内容利用身边熟悉的事物加以联想）、角色扮演（利用身体四肢）、幻想（利用大脑）等来投入学习，对大脑做出多方面的刺激。

由于这种方法需要青少年亲自动手，如：触摸、嗅，所以比起只从书本上吸收，通过五官的学习记忆能特别深刻。如果大家可以好好地利用这些感觉，则它们对学习能起绝对正面的帮助。有不少专家已证实，读上十次还不如真正地摸它一次，或把它演绎一次，记忆来得更加深刻。

温馨提示
WENXINTISHI

爱玩好动是青少年的天性，稳坐书房读书不仅扼杀了他们的天性，而且也限制了其他能力的增长。所以青少年应多利用多感官学习法使自己全面发展。

自立学习五字诀：找、查、归、整、体

"找、查、归、整、体"是一套非常富有逻辑性的自产学习方法，它通过各个环节的相互联结和递进，最终使孩子达到自觉

主动地学习。可能有家长要问："找、查、归、整、体"是什么意思呢？我们把它叫作三河方式，因为它是由日本爱知县三河地区总结并推广的学习方法，被称作"自主学习"的五字诀，其关键包括每个相互关联又相互递进的方面：

·寻找——寻找"学什么""重要的问题是什么"等学习目标；

·调查——制订学习计划，准备学习资料，研究调查方法；

·归纳——归纳以前学过的知识和方法，并利用它思考和解决问题；

·整理——确认和整理以前学过的内容和方法是否掌握了，如果有错误进行改正；

·体会——把所学知识和方法加以练习或应用于新的学习中、生活中，加深体会。

我们取其中的一个字，简称"找、查、归、整、体"学习法。

下面我再将"找、查、归、整、体"学习法分解开来，逐一进行讲解。

（1）"寻找"学习法

对于"自立学习"来说，最根本的方法还是要弄清"学什么"和"如何学"。"寻找"学习法指的就是自己亲手把要学的东西找出来。

如果没有分辨"什么是重要"的能力的话，在当今的世界上是难以很好的生存下去的。如果焦点对不准"重点"，就会做无用功。

那么，怎样才能找出"重点"呢？要做到这一点，应该提前预习，应该通过自身的努力去寻找。为此，不妨家长尝试以下的方法：

·找出第二天上课学习的内容，准备好必要的学习用具；

·把教科书看一遍，找出不明白和不懂的地方，并做好记录或写在笔记本上；

·哪里是重点呢，自己首先要设想和推测"重点"，并写在笔记本上；

·"重点问题"按什么顺序学习好呢？自己设想解决问题的顺序和方法，并记在笔记本上；

·准备好解决问题所需要的资料。

以上五点不必一下子全部做到。开始可以试着先做前两个，等熟悉了以后再做后三个。这样循序渐进地做是比较好的。

（2）"调查"学习法

"调查"学习法所强调的重点之一，就是在上课之前，要自己亲手把不明白的问题调查清楚并做好笔记。比如说，遇到生字或生词就要查字典或词典，遇到专业术语就查专业词典，地名不清楚就查地图册，等等。这首先应该从预习入手，养成自己主动学习的习惯。如果养成了这些习惯，就会知道应该遵循怎样的程序去找出"学什么"，以及用什么办法来查阅资料等。

"自立学习"要求青少年同学必须了解和掌握"学什么"和"如何学"这两个关键问题。

"学什么"指的是"寻找"学习法，"如何学"指的是"调查"学习法。把这两者很好地结合起来是十分重要的。

但是，"如何学"是由"学什么"来决定的。就学习科目来说，语文的学习及调查方法和数学是有很大区别的，和别的科目也不尽相同。每个科目都有其独特的学习和调查方法。即使是相同的科目，比如说语文里的记叙文和说明文，虽然都要读句子、查词语，但文章的理解方法却有区别。因此，学习方法、调查方法也应该结合每天上课的内容加以调整。

（3）"归纳"学习法

在考试的时候，如果试题是自己学过的东西，那么大部分人做得很好。但如果是动脑筋之类的思考题，就摸不着头脑了。这样的人只会"死记硬背"，缺乏独立思考的能力。

青少年同学要想化知识为力量，就必须把学过的知识灵活运用到新的学习当中去。所谓思维能力就是灵活运用所学知识的能力。

不管哪个科目，都有其重要的学习方法。在学习书本内容的同时，认真注意学习这些方法并将其运用于新的学习之中，是"归纳"学习法的重要所在。

（4）"整理"学习法

青少年一定要培养上课之前认真预习的习惯：哪儿不明白，哪儿不会，想知道什么，重点是什么，抓住以上这几点，在课本上做记号，或者写在笔记本上。可以的话，还应该找出要和大家互相讨论的东西。这就是"整理学习法"。

那么，做了记号或写在笔记本上的问题，在课堂上真正听懂了没有，学会了没有，重要的地方掌握了没有，这些都需要自己来整理、确认。

已做记号的地方是下力气学习的重点，所以，如果对这些地方一知半解，不求甚解，那么往后的学习就会越发困难，最终会因为什么都不懂，逐渐失去自信，丧失自觉主动地学习精神。

所谓不会学习，很多情况是由于对不懂的、不明白的东西放任不管，必要的基础不扎实，基本的知识掌握得不牢固造成的。

那么，用什么方法确认自己是否真正弄懂了呢？方法之一就是做习题集或练习册上的题。

通过作业检查出有不懂的或者是不会的，就一定要进行"补习"。如果还不会的话，就再次请教老师，直到确实弄懂为止。这种学习方法如果认真坚持下去的话，孩子的成绩一定能提高。

（5）"体会"学习法

"体会"学习法就是把在学校学到的知识不断地运用于实践。不仅要应用于学习，还要应用于日常生活。

将所学知识运用到生活的各个方面以及对人生的思考上，不仅可以促使青少年深刻地领会所学知识的精髓，培养活学活用、解决实际问题的能力，还能真正体验到学习的乐趣，从而激发他们坚持不懈地主动求知，培养自觉主动地学习的能力。

需要强调的至关重要的一点是，任何一种学习方法都不是教条，一定要灵活掌握，恰当运用，才能达到好的学习效果。

把所学的知识系统化、网络化

在学习中，一个很重要的方法就是对所学知识进行系统化、网络化，即通过把握教材的思路、方法和体系，对多个知识点、节、章之间的相互联系，以及每个概念、定理、公式的前后关系、来龙去脉，进行系统的归纳总结。这样，会对原来一个一个地学习的那些知识点，理解得更清楚、更全面、更深刻，真正做到融会贯通。

为了把所学的知识融会贯通，同学们应在学习过程中十分注重整理已经学习的相关知识。对有关资料进行认真的筛选、归纳和整理。对同学们来说，这既是一种良好的学习习惯，更是一种有效的学习方法。每隔一段时间，还应将学过的知识整理出来，自己缩写一些知识体系表，这样分门别类、简明地将学过的知识列出，对于以后的复习，尤其是考前的复习是相当有用的。

具体地说，可以采用以下几种方法：

（1）编制学习提纲学习法

这是以编制学习提纲贯穿学习全过程的方法，它可以通过由面到点的综合概括，逐步缩小范围，利用较短时间掌握材料内容。

运用编制学习提纲学习法，第一步要精读材料，根据材料的不同类型、不同分量掌握其要点、重点和难点，理解知识间内在的必然联系，在脑子里形成知识网络。第二步要编写提纲，即在理解内容的基础上细致地进行筛选、概括、组织，然后根据材料的性质，用自己的评议，提纲挈领地编写提纲，从而使学习内容有条不紊、简单直观地展现出来。第三步是要尝试背诵，就是对所编写的提纲，按照顺序一遍遍尝试背诵。遇到不熟的地方可翻书对照。这一过程是对学习材料进行潜移默化的过程。最后还要用最短的语言，抓住概念的内涵、实质和学习材料的核心内容，再对提纲进行压缩，使之更为精练。然后针对这更为精练的提纲进行强化记忆，使之在头脑中留下长久的印象。

（2）点面结合学习法

读书学习，既要重视"点"，又要照顾"面"，要处理好点和面的关系，以点带面，才能学有成效。运用以点带面法，首先要抓住"点"，也就是确定重点，抓住要点，攻破难点，消除疑点，了解特点。

① 重点。即教材或教参写得特别突出、特别重要的部分。

② 要点。即教材中对有关内容进行概括的文字。

③ 难点。即书中某些章节中比较深奥、不易理解的内容。有难点而不解决，就会影响对全书内容的理解。所以，遇到这种情况，就要用全力攻克它。

④ 疑点。有些是学习者在理解过程中产生的疑点，有些则是材料本身存在的疑点。这就需要学习者多问几个为什么。

⑤ 特点。一般是指所学教材或教参与同类书相比，在某一方面所具有的独到之处。了解和掌握所学教材的特点，可以从中学到更多的东西。

运用"以点带面"学习法一般过程是：对学习材料先进行通读，了解其大概内容，然后通过细心的体会和钻研去发现各种"点"的所在。在掌握"点"的基础上，根据学习目的和要求，集中时间和精力，分别"各个击破"，并且与其他部分融会贯通。这样以点带面、点面结合，就能达到全面而又充分地掌握知识的目的。

（3）结构学习法

这里所说的"结构"，主要是指知识结构。在学习中，如能深入把握"结构"，就能准确地抓住内容的精髓，获得"一通百通"的学习效果。

结构学习法的具体含义是：在学习过程中通过编目录、拟提纲和图表等方式剪去知识的枝蔓，揭示出学习内容的骨干，形成信息含量大的知识结构，然后通过理解与把握这种结构来帮助和促进学习。

采用结构学习法，要求学习者不要把自己的思维仅仅束缚在各种细节上，而是要善于发现知识间的有机联系，并勾画出知识之间的联络线索。

（4）衍射学习法

"衍射"一词，表示展开延伸、放射的意思。所谓衍射法，就是通过发散思维，以各章或单元中的某一重要知识作为核心，将之与之有关的知识，建立起联系，并用图表的形式表达出来。衍射学习法能够使人达到对知识灵活理解、全面掌握和运用的目的。以高中生物为例，由于生物学知识点之间有着很强的系统性和连贯性，因此在学习时要注意有意识地穿章破节，把具有内在联系的知识点串起来，将相关的知识梳理成一条条"辫子"，连成一条条的知识链。

例如，对于遗传与变异这一部分内容，可以从各章中总结出这样一个知识链：染色体——DNA——基因——脱氧核苷酸——遗传信息——氨基酸——蛋白质——性状。它们之间的关系是：染色体是遗传物质的主要载体，DNA是主要的遗传物质；每个染色体上有一个DNA分子，基因是控制生物性状的遗传物质的功能单位和结构单位，是具有遗传效应的DNA分子片段；一个DNA上有许多基因，每个基因是由成百上千个脱氧核苷酸组成的；基因中脱氧核苷酸的排列顺序包含着遗传信息；遗传信息在后代的个体发育中决定着氨基酸的排列顺序，氨基酸的排列顺序决定着蛋白质的特异性；蛋白质的特异性决定着生物的性状。

在此知识链的基础上，可以进一步衍射到其他知识点，组成知识网。如染色体数目的变化规律是怎么样的，DNA的化学结构与空间结构是什么样的，DNA是怎样进行复制的，什么是显性基因，什么是隐性基因、等位基因，什么是基因与表现型，它们之间的关系如何，什么是性状、相对性状，蛋白质为什么具有多样性。衍射法还适用于章节或单元之间知识的总结，即把分散在各章节之间的同类型、同性质或有密切联系的知识加以总结。比如有关染色体的知识主要分散在第一、三、五等章节中，学习者可以以染色体为核心，衍射出常染色体、性染色体、同源染色体、染色单体、染色体组、多倍体、单倍体、DNA、基因、脱氧核苷酸等概念。

| 温馨提示 |
WENXINTISHI

学习，切忌死读书、读死书、把书读死，而要活读书、读活书、把书读活。学习知识不仅要注意知识自身的独立性和完整性，同时还要充分认识各科知识内容的有机联系，这样做才会使人获得许多意想不到的收获。

对疑难问题反复咀嚼，敢于质疑

反复咀嚼是指对知识内容进行反复推敲、仔细斟酌的学习方法。

著名散文家秦牧说："对应该精读的东西，学习老牛吃食的方法，把它咀嚼到极细才吞下，那么，难消化的东西也会变得容易消化了，难吸收的东西也会变得容易吸收了。"

英国哲学家培根在《论读书》中主张："有些书只需浅尝，有些书可以狼吞，有些书要细嚼慢咽，慢慢消化。也就是说，有的书只需选读，有的书只需浏览，有的书必须全部精读。"

对于青少年们来讲，教材等就是属于必须精读的书籍，对教材中的关键性的内容、重点、精华、公式、定理、推导、图表，尤其是难点等要反复咀嚼、细嚼慢咽。

那么怎样做到反复咀嚼或者推敲呢？有以下四个步骤：

第一步：反复阅读，细读、默读、连读、研读，边读边思。

第二步：详略得当，重点突出。

第三步：逐字推敲，分析理解。

第四步：综合概括，掌握要领，吸取精华，消化吸收。

在对疑难问题的反复咀嚼的过程中，要敢于质疑与提问。只有如此，才能真正把知识理解透彻。对于青少年同学来说，要围绕教材内容想问题、提问题、自我发问、自我设疑；再带着问题去学习，为解决问题而学习。

宋代学者张载说："学则须疑，于不疑处有疑，方是讲矣"。这包含两层含义：一是，能在普通人看来没有疑问之处提出疑问，这是深入学习和思考的结晶，是创造性学习的表现。二是，当初步提出的疑问解决后，在似乎疑问已经消除后又能提出新的问题，这正是学习深入和不断进步的表现。所以，能在无疑之处提出质疑，是疑问学习的关键，是质疑的重要技巧。

学习的过程，实质上是不断质疑，不断解决问题，又在新的基础上再质疑，再释疑的连续过程。宋代朱熹有这样一段话："读书始读，未知有疑。其次则渐渐有疑，中则节节是疑。过了这一番后，疑渐渐解，以至融会贯通，都无所疑，方始是学。"

朱熹的这段话描绘了疑问学习的一个典型过程。在整个学习过程中，必须不断地质疑，由较低层次的质疑向更高层次的质疑发展。只有这样，才能不断前进，学有所成。

在学习活动中，你若能做到主动思考、积极提问、善于发现，不仅会对知识有深刻的领会，还会获得许多深层次思考的成果，使学习者对知识掌握得更透彻、更清晰、更明了。这已不是单纯的"学"，而是开始"悟"了。

| 温馨提示 |
WENXINTISHI

勇于对一些所学知识提出质疑，不仅有助于培养自己的创造精神，为做出突破性成就提供基础，而且能够使学习者激发强大的学习动力，在明确的目标指引下有效学习。

培养超强的思维能力

　　思维是智力活动的核心。智力超常的显著特征，便是具有出众的思维能力。判断一个人聪明与否，需看思维智能是否突出。只学不思便得不到真知。感到学习很难的人，往往是不爱思考的人。因此，思维能力是智力的根本，也是学习的关键。

　　超人的智慧来源于对知识的善于加工和应用。而超强的思维能力，来源于对科学的思维方法的掌握和应用。善用方法开动大脑，思维能力就一定强于常人。

思维能力优则学习能力强

思维是人类智能活动的核心，思维能力的高低是衡量与测试人的智力水平的重要依据。智力超常的显著特征便是思维能力的出众。通过思维发现事物的本质，概括事物的特征表现，预见事物的发展变化，这是青少年学习优秀、未来成才的一项重要能力。什么是思维？它有什么特征？

思维是人对客观事物本质特征和内在规律性的认识形式，是人脑对客观事物概括的和间接的反应。

思维是借助言语，对事物的本质、事物之间的联系及其发生、发展与变化的规律性的认识。在认识过程中，思维实现着从现象到本质，从感性到理性的转化，从而构成了人类认识的高级阶段，即理性认识阶段。

（1）思维的特征

思维具有如下两个基本特征：

① 概括性特征。所谓思维的概括性，表现为两个方面，一是指能找出一类事物所特有的共性，并把它们归结在一起，从而认识该类事物的性质及与其他事物的关系。例如把具有两足和羽毛特征的动物称为禽，把具有四足和皮毛特征的动物称为兽。另一方面是指能从部分事物相互联系的事实中找到普遍的或必然的联系，并将其推广到同类事物或现象中去。如，人们可以把各种树木依据其根、茎、叶等共性归结为树；还可以把树、玉米、小麦、草、地衣等归为一类，称之为植物。

人们还可以借助思维，进一步认识植物与动物、动植物与人类的生态平衡关系。这种概括，促使人对客观事物的内在关系与规律性进行认识和学习，有助于人对现实环境的适应、控制和改造。

概括在人们的思维活动中有着重要的作用，它使人们的认识活动摆脱了具体事物的局限性和对事物的直接依赖关系，它不仅扩大了人们认识的范围，也加深了人们对事物的了解。

② 间接性特点。感知能直接反映事物，思维则不同，它是人对事物的一种间接反映形式，是人根据已有的知识经验，对当前事物或现象进行观察，并以此为媒介，通过思维活动，推导出事物的前因后果或内部规律特征的认识形式。如"月晕而风，础润而雨"，即是看到月晕就可知道要刮风了，看到地砖返湿，可推知将要下雨。还有"瑞雪兆丰年"，头年冬天下雪，预测第二年可能是丰年。还有根据行为表情推知内心活动。医生通过对病人的体温、血压、脉搏等进行测量及化验，来检查和诊断疾病。还有天气预报、地震预测等都是同样的道理。

世界上许多单凭人们的感官认识不到或无法认识的事物，如超过可见光区的电磁波：紫外线、红外线、X射线等；超声波、次声波；生物演化，历史发展，各种宏观与微观世界结构与运动等，这些都是借助已获得的知识经验以及人造工具，经过人脑间接认识的。由此可知，间接性特点，使思维认识的领域要比感知认识的领域更广阔、更深刻，更能深入认识事物的本质特征。

思维是在实践活动中发生发展的，同时思维对实践活动也有着十分重要的促进作用。实践是思维的基础，思维不管多么抽象复杂，都只能在实践活动的基础上产生和发展。但思维不是由客观事物直接地、机械地决定的，它是一个能动地对感性材料"去粗取精、去伪存真、由此及彼、由表及里"的加工改造过程。思维来源于实践，又服务于实践，对实践活动具有指导作用和重要影响。思维是否正确、是否全面地反映客观事物，要受实践检验。

（2）思维的分类

思维是一种复杂的、系统的心理现象，可以从不同的角度划分出不同的思维种类。

如果按内容分类，思维可以分为动作思维、形象思维和抽象思维。

① 动作思维。动作思维也叫实践思维，如医生临床进行望、闻、问、切，确定病症，就是动作思维的表现，其特点是以实际操作来解决直观、具体的问题。

② 形象思维。形象思维是指依据直观想象进行的思维。形象思维是一种相对独立的思维活动，如艺术家创作油画、雕刻，工程师设计建筑都是形象思维的表现。

③ 抽象思维。抽象思维又称逻辑思维。依靠逻辑，通过判断和推理的思维就是抽象思维，抽象思维是思维的高级阶段，抽象思维能力的高度发展是一个人心理成熟的最重要标志。

如按性质分类，思维可分为再造性思维和创造性思维。

① 再造性思维

再造性思维又称习惯性思维。指用先前获得的知识直接地、不需要加工地去解决一个问题的思维。

譬如中学生学习掌握了一个公式，然后套用公式去做习题，就是一种再造性思维。

② 创造性思维

创造性思维即是指有主动性、创新性的思维。思维不拘于传统的、旧有的思路，而是根据问题和实际情况创造性地探索答案。

创造性思维是再造性思维的发展，是提出新见解取得新突破的重要途径。

"学习知识要善于思考、思考、再思考。"杰出科学家爱因斯坦的这句话，为思维对学习的重要性做了最准确的注解。

无论是中考，还是高考，不仅要考验每一个青少年的记忆能力，还要考核其理解和思考能力。死记硬背、不求甚解、不会分析、不善思考的学生是不会考出很好的成绩来的。

从学习知识的角度看，思维能力较强的青少年，可以对一个问题全面分析，并善于总结分析，从中找出与之联系和规律性的东西。这对理解和巩固是非常必要的。从以往的经验来看，青少年在学习中掌握和运用思维能力和思维方法，是获得学习成功的重要手段。而且青少年无论是在现在的学习还是未来的生活工作中，善于思考、灵活思维都是必须具备的品质。

青少年具有这种品质，才能随着学习内容的扩展、学科课程的增加，心理不断成熟，方法不断改进，注重内容理解，提高听课质量，增加独立解题能力，这样的青少年无疑会成为"天之骄子"。

众所周知，智力水平是决定青少年学习知识的速度与深度、掌握知识的数量与质量的根本内因。思维力是构成人的智力的基础，也是表现人的智力的灵魂。

培养青少年的思维力，就是让青少年在学习中学会从具体到抽象、从现象到本质、从感性认识到理性认识。在目前学校各门课程的学习活动中，青少年大量地进行读、写、算，即阅读、写作、计算、分析、逻辑推理和语言沟通等训练。整个学习过程即是以语言、逻辑、数字和符号为媒介，以思维力为核心的智力为主导。这说明，思维力在教学中占有绝对优势，在学习知识中发挥着重要作用，没有思维力的参与，就无法进行任何方面的学习。

因为，培养与提升思维能力是提高青少年的智力和提高学习成绩的灵魂。

| 温馨提示 |
WENXINTISHI

一个青少年的聪明与否，或者智力水平如何，有先天的因素，更主要的是后天的培养锻炼。青少年在平时的生活和学习中多思、善动脑子对思维力的培养是很有帮助的。

努力培养发散性思维能力

人的思维从来不会只循着单向、单边的轨迹进行活动。借助思维的发散与辐射，人类才得以不断地发现与发明。对青少年来说，发散性思维能力最突出的作用是使自己大脑反应更敏捷，思考问题更灵活，思路更拓展。发散性思维是解决问题的利器。

发散性思维是人的智能活动中最为高级的一种能力，也是工作和学习中不可或缺的一种能力，这种能力的提高会帮助一个人提高学习成绩与工作效率，解决困难，排除障碍。

发散性思维又叫求异思维、扩散思维、辐射思维等。例如一题多解、一事多写、一项工程多种设计图案、一项工作多种计划方案等。由于发散性思维要求人们对同一个问题找出尽可能多并出人意料的新奇答案，所以发散性思维是一种重要的创造性思维活动。因此，有人说创造、发明主要是依靠发散性思维来进行的。

（1）发散性思维及其特征

发散性思维又叫求异思维，它是根据已知信息，从不同角度、不同方向进行思考，从多方面寻求多样性答案，是一种辐射性思维方式。

发散性思维具有流畅性、灵活变通性、新颖性和独创性等特点，这也是评估人们发散性思维能力的几个指标。青少年培养和发展个人发散性思维能力应朝着这个方向努力。

流畅性是指思维反应敏捷，联想层出不穷，数量比一般人多。就是说，在较短的时间内，人们能从一个思维基点出发，思考出尽可能多的思维目标。

灵活性也被称为变通性，它是指人的思路开阔和随机应变的思维能力。它表现为不受现成结论和传统知识及习惯的约束，能多侧面、多层次地思考问题，能使其思维开拓出新的思路，寻找出新的途径和方法，不断地创造成功。在科学史上有许多说明思维变通性的事例。

著名化学家霍夫曼和他的学生柏琴做合成奎宁药物的实验，一次又一次的都失败了。有一天柏琴在实验中合成出鲜艳的紫红色黏液。柏琴设想用此合成物做纺织品染料一定很出色，于是他申请了专利，办起了第一家合成染料工厂，开辟了人造染料的新工业部门。

许多科学家、实业家和优秀中学生都具有这种思维变通性，因而做出了许多惊人的成就。

思维的新颖性和独创性，是指能以新奇的思路和方法解决问题的能力。这种能力强的人不受常规和经验的约束，不受传统习惯的限制，能够获得新颖的、独特的、意想不到的结果或成功。所有科学家、文学家、艺术大师和发明创造者，他们的巨大成就都得益于他们有较强的独创性发散思维。

| 温馨提示 |
WENXINTISHI

发散性思维方法从已知的资料信息出发，但不受过去知识的束缚，不受已有经验的影响，从不同角度、不同层次去思考问题，寻求多种思路、多种方案。

（2）发散性思维的基本种类

发散性思维是创造性思维的基本方法，由它派生出了一些具体的方法和技巧。包括纵横思维法、逆向思维法、侧向思维法、分合思维法、颠倒思维法、质疑思维法、缺点列举法、信息交合法等。对这些具体方法的运用和训练，有助于青少年发散性思维能力的培养和提高。

① 纵横思维法。将思考的问题或对象从纵的与横的发展方向上进行思维加工就是纵横思维法。就是说遇事时横竖多想想，有哪些因素，哪些可能性，哪些可行的办法，拿出些新点子，以使思路开通，少出差错。例如，我们看一个国家的发展，一方面要看看它的过去、现在和将来的发展程度；另一方面要看它现在如何，也要从政治、经济、文化、社会等多方位全面去衡量。从纵与横的两方面去把握事物就会全面深刻，青少年在学习中应该多运用这一方法。

纵横思维法也可以分成纵向思维法与横向思维法两种。

② 逆向思维法。从相反的方向去思考，改变人们通常只从正面去探索的习惯，这种反过来从完全对立的角度去思考问题的方

法就是逆向思维法，可以说是背道而驰或反其道而行之法。从反面去看问题，易引起新的思考，往往会产生独特的构思和新颖的观念。正反两方面多想想可能会收到意想不到的效果。

人们算数时都是从右向左算，史丰收将其改为从左向右算，从而创造了速算法，被称为"史丰收速算法"，他的速算能力和速算方法受到国际数学界的高度评价和公认。

火箭是向天上打的，有人使它改变方向，制造出钻井火箭。

欧几里得几何学是青少年都熟悉的，用了两千多年，匈牙利数学家亚·诺什18岁时，从相反方向思考并经过验证，创立了一门新学科——非欧几何学。

在小学四则运算中，用加法得的和，为了验证其是否正确，用减法进行验算；或者用乘法得的积，再用除法去验证，都是从相反的方向思考问题。

在学习科学理论时，对前人的理论进行实验或实践以证明前人理论的确实性，称为证实法；有时也从另一方面考虑，即通过实验或实践证明前人理论的不确实性或不科学性，称为证伪法。对已有的理论观点进行肯定性的证实或抱有怀疑态度的证伪都是重要步骤。每个青少年都应学会证实和证伪两种思考方法，学会从逆向考虑问题。

| 温馨提示 |
WENXINTISHI

逆向思维法看似有些荒唐，实际上却是一种易产生奇异思路的方法，常常能够出奇制胜，使人创造出新的思想。

③ 分合思维法。即是将思考对象的有关部分，在思想上将它们分解为部分或重新组合，试图找到解决问题的新方法。大家都知道曹冲称象的故事，曹冲用的就是分合思维法。当时最大的秤只能称200斤重量，而一只象几千斤，如何称呢？看似不可能。曹冲用木船为媒介，把大象分解为等量的石头，分别称出石头的重量，再加到一起，不就等于大象的重量了吗？这是一个典型的分

合思维法的例子。帽子与上衣连起来组合成新的款式，上衣与裤子连起来组成背带裤，上衣与裙子连起来成为连衣裙。收音机与录音机连起来组成收录机。橡皮与铅笔粘在一起成了新型铅笔。据说发明这种铅笔的人是个穷画家，穷得连橡皮头都舍不得丢掉，把它粘在铅笔上，因而成了一项发明，报了专利，穷画家一跃而成为大富翁。这便是分合思维法的妙用。

④ 质疑思维法。就是勇于提出问题，敢于向权威挑战。不受传统理论的束缚，不迷信书本和专家权威，也不盲目从众。勇于提出问题或者敢于挑战，不是没有根据地乱说，而是在认真学习前人知识经验的基础上，经过深思熟虑，发现问题，提出质疑。

华罗庚在初中毕业后，认真系统地自学数学，经过验证，发现当时一位数学教授的公式推导有错，他就大胆质疑。

这是青少年要学习的典范。在学习中，经过认真思考，敢于发现问题，勇于提出问题，这是学习成功的重要环节。俗话说得好："学问学问，要学就要问。"学，就是对已有知识体系的继承和肯定；问，就是对已有知识体系的质疑和否定。

我国明代学问家陈献章说："前辈谓学贵知疑，小疑则小进，大疑则大进。疑者，觉悟之机也。一番觉悟，一番长进。"

质疑的目的是为了提出新看法、新观点，建立新理论，这就是立论。质疑和立论是创造性思维的两个阶段。有人说：质疑诚可贵，立论价更高。质疑使人将信将疑，立论使人心明眼亮；质疑使人千回万转，立论使人豁然开朗。总之，质疑只是宣告旧理论有毛病，立论才能宣告旧理论的死亡、新理论的成立。

⑤ 克弱思维法。就是在解决问题的过程中，先将思考对象的缺点一一列举出来，然后针对发现的缺点，有的放矢地进行改进，从而获得问题的解决和成功。许多发明创造就是用这种方法取得成功的。把一件需要改进的物品放在那里，请许多有经验的人去评论，把它的不足之处一一摆出来，然后加以分析，抓住关键，提出改革措施，就可能获得新的产品。

在科学研究中也是如此，著名美籍华人、诺贝尔物理学奖获得者李政道教授曾经这样说过："你们要想在科学研究工作中赶上、超过人家吗？你一定要摸清楚在别人的工作里，哪些地方是他们不懂的。看准了这一点，钻下去，一定有所突破，你就能超过人家，跑到前头去了。"

李政道本人就有这样的经验，有一项研究是数学中的一个解，他就针对这个解查阅资料，关起门来，用一星期时间，专门挑剔别人有哪些缺点，果然发现所有文献都是从一维空间去解题，而物理学中，有广泛意义的是三维空间。他看准这个弱点，潜心研究，仅花了几个月时间，就提出了一种新的理论，用这种新理论去研究有关问题，得到许多新的科研成果。

温馨提示
WENXINTISHI

克弱思维法是被广泛应用的一种方法，在创造性思维中始终起着重大的作用。类似的方法还有优点列举法、希望点列举法、特征列举法等，都是从一定的角度进行发散性思维。

多动脑筋，培养思维的灵活性

思维的灵活性是指善于根据事物发展变化的具体情况，审时度势，随机应变，及时调整思路，找出符合实际的解决问题的最佳方案。

人们说一个人"机智"，就是指其思维具有灵活性。据心理学家研究，20%～30%的初中学生具有极好的思维灵活性，高中生具有这种思维能力的人数还在增加。这些青少年能活学活用。在遇到难题时，能多角度思考，善于发散性思维，又善于集中思维，一旦发现按某一常规思路不能快速达到目的时，能立即调整思维角度，以期加快思维过程。高考试题大多是灵活性很强的题目，只有善于应变，触类旁通，方能越关夺隘，攻克难题。

培养思维的灵活性是青少年的一个重要学习环节，具体策略有以下几个方面：

（1）灵活解题，培养迁移能力

思维的灵活性主要体现在解决问题时的迁移能力上。必须有意识地去培养自己的迁移能力，从而能够灵活地解决学习中的一些问题。

例如：在学习人物肖像描写时，就要有意识地把在课文中学到的描写人物的技巧运用起来。比如，写人物的笑，就要想到学过的一些课文中相关的方法。在《葫芦僧乱判葫芦案》中，对课文中的"笑"所表现的人物心态进行分析，再拿出《红楼梦》第四十四回的一段摘录，认真分析其中每一个人的"笑"表现了他们的什么个性。同时阅读《祝福》，分析祥林嫂"三哭""三笑"的背后揭示了什么主题，细细体会生活中周围人的一颦一笑所表现的内心活动。这种训练会使分析作品中人物的能力和写作中刻画人物的能力大大提高。

（2）一题多解，培养思维灵活性

对"一题多解"的训练，是培养思维灵活性的一种良好手段，通过"一题多解"的训练能沟通知识之间的内在联系，提高自己应用所学的基础知识与基本技能解决实际问题的能力，逐步学会举一反三的本领。

结合"一题多解"来训练思维的灵活性，使自己在思考问题的起点、方向上及数量关系的处理上，不拘泥于一种方式，而是根据需要和可能，随时调整和转换。

（3）多读文章，培养思维灵活性

一般地说，文章是作者进行创造性思维的成果。文章的创造性，主要体现在它的构思和语言的运用上，体现在文章的思想观点和表达方式上，不同体裁的文章自然各有特点，即使同一体裁中的同一内容的文章，也风格各异。在阅读优秀文章时，善于发现它们的不同，善于吸取它们各自的特点，对于发展自己的思维是有益的。

多读各种不同的文章，既可以获得知识，又可以取得思维和写作的借鉴，可以从比较中学习到从不同角度观察事物、思考问题的方法，可以培养思维的灵活性。

青少年参与学习活动的关键是思维的参与活动，如果不能激发积极的思维活动，就不能算是有效的思维活动。因此，在学习中，要留有足够的思维时间和空间，使思维活动有效地参与到学习过程来。在学习活动中，要学会从不同的角度、不同的方向用多种方法来解决问题，从而培养自己思维的灵活性。

多向思考，培养思维的变通性

俗话说，人不能一条道走到黑。在学习的过程中也是这样，如果按照自己习惯的方法想问题一时难以奏效，不妨换个角度。当然这样做并不容易，关键是青少年在平时要养成好习惯。

（1）养成多角度思考问题的习惯

培养发散性思维的能力，离不开变通性的培养。培养变通性，要求自己结合各科学习做一些尝试。

例如，在配合语文学习中，自己学字词时，可在学一个生字词的同时，联想许多词语的句子；学一句成语，联想一连串成语，还可以要求自己以很快的速度提出某一词的同义词和反义词。在配合作文学习中进行扩写的训练、改写的训练、同一题目写成多种体裁文章的训练；同一问题、同一素材表现多个不同的主题的写作练习；给同一篇文章尽可能多的写出合适的标题；给一篇没有结尾的文章设想几种不同的结尾，等等。

在数学学习中训练自己多种思路，从不同的思路，用不同的方法解题。有的老师所教的学生经常做一题多解的练习。青少年们应从小学一年级开始就进行创造性的思维训练，只要坚持训练就能达到较好的水平。

| 温馨提示 |
WENXINTISHI

变通性的培养，重要的是给自己寻找发散性思维的机会，安排一些能刺激自己发散性思维的环境，逐渐养成多方向、多角度思考问题的习惯。

（2）善于举一反三

发散性思维、创造性思维与创造发明、创造性的工作、创造性的学习都有密切的关系，现介绍一个举一反三的故事，对培养青少年发散性思维方式可能有所启迪。

青少年常为老师布置的习题多而烦恼，语文老师布置作文，政治老师要求社会调查，英语课要背单词，那么什么时候才能完呢？要是有个好的方法能把这些事一下子都解决就好了。

某中学初一年级几个聪明的学生运用了发散性思维方法，顺利解决了玩和做作业似乎不可兼得的矛盾。那是一个星期天的早晨，同学们分成三人一组一起去参观航天展览会。去的路上，三人互相背着英语单词，一人背，两人纠正，结果在来回的路上把一课的单词全背出来了。参观展览会后，他们把自己的感受和周围人的议论记下来写成调查报告交给了政治老师。然后把其中印象最深的一段，经过艺术加工写成作文交给了语文老师。当然，参观的过程也是痛痛快快玩的过程，使精神舒畅了一下，取得了一举三得的效果。

努力培养创造性思维能力

人类所有的发明与创造，都来自于创造性思维。创造性思维能力，使得人类在满足自身生存发展需要的同时，不断创造着数不胜数、丰富多彩的人间奇迹。青少年培养这方面的能力不仅非常重要而且十分必要。

下面是一个有关牛顿的小故事：

牛顿七八岁时，就开始制作一些简单的器械，外祖母十分注意保护和发展他的这种爱好，从不因为他把客厅弄得一团糟而生气。只接受过一点点学校教育的外祖母经常欣喜地瞧着这小家伙十分投入地忙活，感觉到这男孩子具有其他儿童没有的一种敏捷思维和创造天赋。十多岁时，外祖母开始给些钱让他去买工具，他最先买的是一把小锤子，他用这把小锤把一只旧水果箱改成带软垫的凳子。随后，他向外祖母提出了新的要求："外祖母，我想买一把锯子，我要把这把椅子的腿锯短一些，它太高了。"锯这把椅子？外祖母十分惊讶，因为这椅子一套四把，还是她与丈夫结婚时购置的呢。她有些犹豫，但马上看到小外孙恳切的神情，她决定不惜这套家具的残损，说："你会用锯子吗？千万不要伤了手啊！"她亲亲小外孙，给了他零钱。在外祖母的帮助下，小牛顿买了许多制作必需的工具，然后便动手制作他喜欢的物件。有一天，牛顿推着自己制作的四轮车在家附近的维萨姆河边玩耍，他来到一座磨房前，看到水车随着溪水的冲击而转动，他陷入了沉思。在水车前站了半个小时后，他毅然决定制造出一个水车模型。牛顿回家后便开始动手，一干就是半夜，外祖母悄悄地摸到二楼，从门缝隙里静静地看着小牛顿在灯影下忙碌，然后心满意足地下楼睡觉去了。一周过去了，有一天早上，牛顿从楼上小心翼翼地捧着一架水车模型走下来："外祖母，小车做好了！"他兴奋地说。"好极了！像真的一样，真漂亮！"外祖母围着这架水车不停地赞叹，最后，她又吻了吻外孙。小外孙为做这架水车用了她两块上好的木板，那叮叮当当的响声还使她好几个晚上都没睡好觉，但这些她都毫不在意。在外祖母的鼓励和帮助之下，牛顿的制作技艺不断提高，探索精神越来越强。

牛顿后来的科学成果令全世界的人都景仰，但是我们更要看到这些伟大的科学成果主要是来自他的勤奋，更多的是因为他有很强的创造能力。

创造能力指的是对已有知识给出新的独特的组合方式，获得新颖、合理、有价值的结论，或创造出新的精神或物质产品的能力。青少年的创造能力主要指：能够独立掌握知识或方法，善于对问题给出新的简洁的解答方法，善于从独特的视角分析总结出具有合理、独特价值的结论。

温馨提示
WENXINTISHI

创造性思维是成为学习出色的优秀青少年的需要，也是成为具有创新精神人才的社会需要。创造性思维是学习能力的动力之源。

点燃创造性思维的火花

创造性思维是创造力的核心。可以说，创造力的培养，实质上是创造性思维能力的培养。创造性思维是最重要、最积极、最有生命力、最有带动力的一种思维。

青少年应从以下几个方面入手，点燃创造性思维的火花。

（1）培养丰富的想象力

有丰富、奇特想象力的人，对科学研究中的问题能提出超越现成知识的解释、新的假设、新的模型和公式，有时会被看作"奇谈怪论"或"异想天开"，甚至是"离经叛道"，但实际上这些却是非凡创造力的闪现，常常是重大科学发现和发明的突破口。可以说，没有想象就没有创造，想象力比知识更重要，它是知识进化的源泉。青少年平时应注意扩大自己的视野，注重对自然界、人类社会各种现象的观察。丰富的想象力不是整天关在书斋里就能得到的。

（2）激发浓厚的兴趣

兴趣是最好的老师。对科学文化知识的爱好和浓厚的兴趣，是引发创造性思维并与感情和意志结合起来的一种心理状态。这种心理状态可以是我们在某种现象偶然触发之下不自觉形成的，也可能是在确定的目标的推动之下，自觉地逐步培养起来的。

兴趣是创造的先导。许多科学家的科技发明的生动事例，无不对青少年起着激励作用。青少年只有从小培养追求知识的浓厚兴趣，才能点燃创造性思维的火花，并使之久燃不息。

（3）掌握善于变通的本领

对已经熟悉的事物变换一个角度去认识，可以引起新的思考；将已有的知识结构加以调整，重新排列组合，也可以激发创造性思维的火花。从知识链中抽取一环镶嵌到另一组知识链中，可以寻找出新的联系。

青少年要在生活中不断地有效开发自己的"脑力资源"。

（4）利用想象打开思路

美国一位物理学家在赞扬爱迪生时说道："作为一个发明家，他的力量和名声，在很大程度上应归于想象力给他的激励。"

想象力是智力活动的翅膀，它可以为思维的飞跃提供强劲的推动力。

思维的一个重要品性就是广阔性，它是深刻性、敏捷性、灵活性及其他品性的基础。

因此，青少年应善于提出各种猜想打开思路。

牛顿在谈到他的成功秘诀时说道："我一直在想，想，想。"他在《光学》最后的部分提出30个问题，这些问题瑕瑜互见，既有真知灼见，也有不少错误，但正是由于他多方面地思考，提出各种猜想，才有可能在一些问题上突破，使得他的科学思想进出了璀璨夺目的火花。

这些成就与他勤于思考和利用想象力打开思路不无关系。

牛顿从树上掉下的苹果，进而产生想象，进而研究出万有引力定律，便是他利用想象打开思路进行研究的最好例子。

（5）培养独立思考的习惯

思维是从问题的提出开始的，随后便是一个问题的解决过程。

在思维的过程中，青少年应当注重培养自己独立思考的习惯，不依赖他人或他物，这样才能让思维得到充分的锻炼，成为促进思维能力在创造性和敏捷性方面有所发展的一个重要激励因素。

中华人民共和国第一任总理周恩来从小就爱动脑筋进行独立思考与探索。他在南开中学读书时，有一次学校举办了一次数学速度比赛，全校一共600多人参加，周恩来在比赛中运用一种新方法，提高了计算速度，获得老师与同学的称赞。当时，周恩来非常有体会地说道："思之，思之，神鬼通之。"

法国著名文学家巴尔扎克说："打开一切科学大门的钥匙都毫无疑问的是问号。"我们大部分伟大发明家的成果都应归功于问号，而生活的智慧大概就在于逢事问个为什么。

这就要求中学生掌握思维的利器，努力开发智力。

（6）建立合理的思维能力结构

从思维过程来看，思维能力结构是由思维的分析能力、综合能力、比较能力、抽象能力与概括能力构成。

在思维的能力结构中，这五种能力相互联系、相互依存，依靠思维的过程即分析、综合、比较、抽象、概括五个阶段体现出来。

这五种能力是思维能力的五个环节，缺少任何一环必然造成思维的运转不灵。

因此，青少年应建立合理的思维能力结构，并注重这五种能力在实际运用中的协调发展。

（7）激励自己敢于攻坚

创造型人才敢于为自己出难题，而不求权威地位和自我形象。创造性思维的"脾性"是不爱跟容易的问题打交道，而喜欢同难题交朋友。创造之路也从来不是别人铺好的平坦大道。创造需要勤奋地学习和不懈地实干，两者缺一不可。

| 温馨提示 |
WENXINTISHI

青少年要锻炼自己做到有主见、有耐心、有毅力、知难而进、敢攻难题、敢破难题，磨砺良好的自觉性、坚韧性、果断性和自制力等意志品质，才能使自己拥有创造性思维的可贵品质，早日成为创造型人才。

把老师变成自己的
"学习教练"

严师出高徒。把老师当成教练，严格按老师的要求操作，就可以成为学习高手。

"师者，所以传道授业解惑也。"老师是我们学习与成长过程中最重要的引路人与指导者，因此，我们必须尊重老师。在和谐的师生关系中多向老师求教，多与老师沟通，多请老师指正，这是高效率学习的正确态度。尽管每个老师都有不同的个性，作为青少年，还是一定要努力去理解和信任老师。一个善于把老师变成自己学习教练的青少年，学习必然会出类拔萃。

尊敬老师有助于学习能力的提升

我国自古就有尊师重道的美德，常常将老师与父亲相提并论。父母赐予子女生命的本质，而老师则是学生精神本质的指路人，因此有"一日为师，终身为父"一说。

老师是我们在学习道路上的引路人，有了老师的指导，我们在学习上就能够少走好多弯路。老师的重要作用在于对知识的关键进行点拨，是我们学习的外围推动力，因此，我们在学习的过程中要重视老师的作用，上课时认真听讲，多听从老师的指导，这样做对我们的学习有很大的帮助。

有了老师的帮助，我们就能够更加自信，使自己的学习成绩提高得更快。

从文豪鲁迅在书桌上悄悄刻下的"早"，到当代知名学者李敖几十年不忘师恩，重返大陆后与自己当年的小学老师相聚，单膝跪地向老师行礼，都说明老师在他们心中的位置和分量。这些人都是近代或当代的著名学者，可以说他们在学习上的成就已经远远超过了他们的老师，可是他们依然对老师尊重有加，在老师面前，他们依然将自己当作学生。

知识是经过不断地积累才传承下来的。面对浩瀚的知识海洋，再聪明的人也难免望洋兴叹，不知从何入手。想想看，文、史、哲、数、理、化，林林总总，科目繁杂，如果没有人进行指导和传授，没有人为他人指明努力的方向，就凭某个人瞎蒙乱撞，能学会多少呢？

所以说，老师是每个人成长过程中十分重要的人。

任何人都有老师，任何老师都是最值得尊敬的人。

人一生下来，就本能地感知这个世界，学会了哭和笑，体验了快乐和悲伤。但是，有一些事情，是我们的本能找不到的，比如说知识和精神。是老师，将我们带进了一片更为广阔的天地，让我们知道什么是原则，什么是应该追求的目标，什么是爱，什么是憎……所以说，没有老师，人就不是一个完整的人，充其量不过是一个有思维的动物。

我们还有什么理由不尊敬老师呢？

在古代，老师是地位高尚的职业。即使是高高在上的皇帝，每周也有固定的老师授课。在老师授课的时候，他也必须放下皇帝的架子，恭恭敬敬地站在老师的面前，如果老师对他的学习不满意，照样可以责罚他。

┃温馨提示┃
WENXINTISHI

有人将老师比作园丁，说他们每日辛勤操劳，只为了花朵有朝一日能娇艳地开放；有人将老师比作蜡烛，说他们燃烧了自己，照亮了别人。其实，老师比这些比喻还要高尚。

有时候老师的一句话，一下就可以让人明白一个道理，而这个道理如果靠自己去悟，恐怕要花很多时间。

要想从老师那里淘得更多金，尊重是关键。有时候，从老师的眼神中，就能领悟到自己的努力方向——赞赏的眼神证明已经有些成绩了，责备的眼神证明还要"更上一层楼"。而这一切，必须建立在充分地尊重老师的前提下。如果不尊重老师，又怎么能体会、领悟到这些深层次的沟通呢？又怎么能从他那里得到于己有益的知识和道理呢？

仔细想想，如果有一个人经常和他人作对，总是捣乱，那么当他遇到麻烦的时候，还会不会有人帮助他？在学校里，尽管有很多调皮的学生经常不听老师的话，但是，他们在遇到问题需要老师帮助的时候，老师还是会指点他们的。

"师父领进门，修行在个人。"一个老师教的学生有很多，他不可能照顾到每个学生。如何将老师脑袋里的"金子"挖出来，变成自己的，可就要看自己的表现了。

变成老师眼中的"红人儿"其实很简单，沟通与交流也没有想象中的那么麻烦。只需要上课的时候眼睛盯着老师，下课的时候认真完成作业就可以了。只要持之以恒地做下去，就会引起老师的注意，老师也会将他的本领统统传授给自己心爱的学生，而这样得到的，一定比其他同学多得多！

记住，只有尊重老师、听老师话的学生，才能从老师那里学习到真正的本事。

尊重老师应注意以下事项：

·见面主动与老师打招呼，增加亲切感。

真正做到尊重他人，就要善于站在他人的角度，感同身受，推己及人。从老师的角度考虑，认真听讲、积极发言是尊重老师的最重要表现。因为萎靡不振的上课态度会让老师觉得自己讲得不够有吸引力，从而影响老师的讲课情绪。

·要善于欣赏、接纳他人。以欣赏的眼光去看待老师，欣赏他们的渊博知识，欣赏他们的为人处世……这是对老师最大的信任与尊敬。

·不做有损他人人格的事情。不在暗地里给老师起外号，说老师的坏话，抵制那些有损老师名誉的行为。

建立良好的师生关系

师生关系是影响人们成功与否的因素之一。倘若老师在学生学习的过程中通过言传身教影响学生的心理与兴趣，发现学生的专长，将能引领学生走向成功之路。

许多名人在学习过程中都与老师保持着融洽的师生关系，受到了老师的影响和帮助。

数学家华罗庚便是如此。华罗庚上初中时，数学老师发现他的数学作业经常涂改，很不整洁。但他研究了涂改处后发现，这些涂改反映出这个学生在探索解题时的多种思路，体现了积极思考的可贵精神。因此，他表扬了华罗庚的探究精神，并在课后热心辅导华罗庚。在老师的悉心指导下，华罗庚钻研数学的兴趣越来越浓，渐渐走上研究数学的道路。

语言学家王力也是如此。上小学时，王力班上有两位老师，陶老师一口博白方言，讲起课来字句和谐清润，声音婉转动听、韵味无穷；而冯老师一口道地的客家话，读课文显得抑扬顿挫，富有鲜明的节奏和乐感。同样的语句和意思，由两位老师说出来，妙趣横生、各有风味。语言中的玄妙和无穷魅力使小王力着迷，并给他留下了深刻的印象。加上老师们学识渊博，性情耿直，在治学和为人上都给他带来深刻的影响。后来王力选择语言学为自己的治学之本，以《博白方言研究》为博士研究论文，这与小学两位老师的熏陶大有关系。

身为新时代的青少年，不能坐等老师的发现与帮助，必须懂得自己采取主动，与老师进行沟通。

与老师沟通不必讲究技巧，重要的是主动。因为每个老师都希望与学生多交流、多沟通，了解学生的思想，以便给予更好的帮助。尤其是成绩中等的学生，更要加强自己的主动性。因为许多老师都表示，成绩特别好与特别差的学生，老师自然会留心，可是成绩中等的学生却往往容易被忽视。其实，成绩中等的学生是非常有潜力的，如果我们能主动出击，赢得老师的帮助，就能早日跻身成绩一流的学生的行列。

至于如何与老师沟通，提问就是一个最好的方式。每个老师都喜欢学生问问题。因为善于提问，表示学生用心思考；提出有难度的问题，更显示出学生的理解在深入。此外，问老师的问题不限于知识，还可以是学习的方法、心理疑惑和生活、感情方面的问题。只要我们消除心理上的障碍，相信老师，通过提问与回答问题的沟通过程，师生双方自然能够真诚地交流。

上学的目的是为了学习知识，而学校里大部分的知识多半通过老师来传授。对学生来说，老师就是知识的宝库。所以在学校生活中，学生除了学习，也应该重视师生关系，了解如何珍惜这个宝库，与老师们和乐相处。

很多青少年上课效率低，不喜欢学习，是因为处理不好与老师的关系，进而出现心理上的障碍和厌倦情绪。事实上，在课堂上，老师与学生都是主角，师生的双向互动关系正是高效课堂所追求的最优关系；在学习上，教与学的关系贯穿着整个学习过程。所以说，师生关系是一个学生在学习阶段时刻都会面临的问题。处理好这对关系，学校生活就会变得愉快和轻松，学生就会体验到来自老师的帮助与关怀，学习也会因此减少阻碍，富于效率，变得充满乐趣。

在着手改善师生关系之前，必须首先明白以下几条警示：教师既不是蜡烛，也不是春蚕，他只是一个平凡的人。这个平凡的人对于学生的意义非同一般，他会深刻地影响到学生学习与成长。一位好老师会使学生受益终身。青少年必须妥善处理和老师的关系，这是对自己的未来负责。

温馨提示
WENXINTISHI

在师生关系中，学生往往是被动的一方，老师则承担鼓励、发现与帮助的主动角色。但对天才优等生来说，他们会主动与老师沟通，让老师来理解自己、关注自己，并帮助自己。

处理师生关系的三大原则

人与人之间的人格尊严是平等的，即使是老师和学生之间也是这样。新型的师生关系，应当是一种民主、平等的师生关系。在这一基础上，青少年必须把握三大准则：

（1）平等

师生关系首先是人与人之间的关系。老师年龄比自己大，学科专业知识比自己丰富，社会阅历比自己深，又是自己的引路人，管理自己在学校里的学习生活；但这并不意味着老师和自己的关系就是对立关系。

所以，和老师交往的时候，重要的是心态上要平等。平等意味着两个层面，一方面没有必要去畏惧自己的老师，另一方面也不能轻视老师付出的劳动。平等的原则适用于任何人际关系的交往，在步入社会以后，面对领导、同事，和他们交往的时候，也必须先有一个前提：我们在人格上人人平等。

（2）尊敬

古话说："一日为师，终身为父。"青少年之所以必须尊敬老师，一方面是由于老师所从事的这种职业的高尚性；另一方面，尊敬他人、尊敬长辈是中华民族的传统的美德，也是一个人在心智上走向成熟的标志之一，是一种道德行为。

都说老师是人类灵魂的工程师，的确是这样，当学生还懵懵懂懂的时候，老师是那个给予学生知识、品德，牵着学生们的手帮助学生们走向成熟的引路者。

| 温馨提示 |
WENXINTISHI

　　很多人在年过花甲之后回忆起往事时，常常会满怀深情地谈起以前的老师，老师所给予自己学生的东西是学生一生都在享用的财富，也往往是等到学生成年之后才能体悟到的。

（3）理解

　　老师也会犯错误，比如在课堂上讲错了题，批评过于严厉，对学生有偏心等。这些都是一个普通的教师很容易出现的错误。当老师犯错误时，我们最好换个角度看问题，站在老师的立场去想想。想想老师为什么会生气，想想自己如果是老师会怎样处理这个问题。这样，就能理解老师的许多做法，原谅他所犯的错误。

　　也可以去找老师谈心，和他交流一下自己的想法，听听他怎么说。当然，也有一些极个别的老师出现的错误是原则性的，甚至已经触犯了法律，这时就应该向其他老师、学校领导或者是家长寻求保护。

　　师生之间，类似的误会实在是太多了。老师错怪了学生，极易引起学生对教师的反感；如果学生对这种反感的情绪不加克制，就会导致师生之间的冲突，使师生关系恶化。当面对这种情况时，怎样处理才算得当，以下是几点建议：

　　① 冷静。当老师错怪自己之后，一定要冷静、要克制，根据当时的环境和条件，可以解释的则进行解释，一时不便于解释的可暂时放下，留待以后找机会再解释，这样可防止事态的进一步恶化。

　　② 解释。老师批评学生有时其实是出于误会，一旦误解消除，问题就会得到解决。可以在课后或其他能够与老师独处的时候，向老师做解释，但态度要诚恳；如果觉得这件事不方便自己来解释，也可以请同学或班干部代自己向老师解释，以消除老师在一时一事的认识上的偏差。

③ 体谅。当老师错怪自己时，一定要懂得谅解他。因为老师每天面对的是几十个学生，繁重的工作难免会使人心烦意乱，有时会出现不冷静的情况。尤其老师的错怪仅仅是出于误会，完全没有恶意。

④ 忘记。如果是因为一些小事而使老师错怪了自己，并且老师并没有因此而对自己产生不良的印象，那么这种小事不如就让它过去吧。这样的遗忘对于学生的心理健康也有很好的帮助，即便是一些很严重的事情，在向老师澄清之后，也不必始终耿耿于怀，随着时间的流逝，任何事情都会烟消云散。

学会从老师那里淘更多的金

从老师那里淘更多的金，差不多是每个青少年的共同想法，然而，到底怎样才能实现这一目的呢？

有两个人拜同一个老师学艺。老师教给他们的都是一样的课程，可是，过了 段时间后，他们的技艺水平却有了很明显的不同。

有人问这位老师："是你传授技艺的时候有所偏向吗？为什么会有这么大的差距呢？"

老师回答说："我根本没有什么保留和偏向，只不过他们学艺的时候，一个人虔诚地看着我的眼睛，尊重我的言行和指点，他自然就要多领悟一些。而另外一个，总以为自己的水平已经不错了，一副不耐烦的样子，还时不时和我唱反调。这样不尊重我的教学，又能从我这里学到什么呢？"

好问是一种美德，不懂就问也是对老师的一种尊敬，每个老师都欣赏好学上进的学生。也许他们不是最好的，但努力去使自己做得更好，这同样会让老师感到欣喜。

在校园生活中，有的青少年在学习中碰到困难，为什么不敢去问老师呢？可能是因为老师讲过而自己没有记住不好意思去问；可能是出于畏惧心理而不敢去问。这样碰到难题就跳过去，学习成绩肯定提高不了。再说，老师也欢迎学生提出问题。这样可方便老师了解自己的教学效果，有利于下一步的教学。

老师也是普通人，学生多问问题不但不会引起老师的反感，反而利于师生沟通，说不定和老师还能成为好朋友呢！解除了思想上的压力，碰到不懂不会的，大胆地去问老师，就一定会成为一名不懂就问的好学生。

和谐的师生关系，需要师生双方在沟通中增进了解，教师当然要主动了解学生，关心学生；学生有什么问题，心里有什么想法，也要主动找老师请教，主动找老师谈心，让老师了解自己，不懂就问才能与老师进行良好的沟通。

某校初二年级有个同学叫徐明。他有个怪毛病，课堂外非常活跃，但课堂上很少发言，遇到难题也不敢问，因此，学习成绩老是在中游徘徊。他说："问老师难为情，要是问题太简单，也怕人家笑话。"有这种心理的青少年确实不少，它阻碍了师生之间的有效沟通。

青少年进入青春期后，自尊心往往特别强，很在乎他人的评价。这有好的一面，能帮助我们认识自己，积极上进。但过分自尊，太在乎他人的看法，如死要面子，不懂也不问老师等，也会走向反面，对自己的学习进步和身心成长都十分不利。

| 温馨提示 |
WENXINTISHI

正确的心理认识应该是：不懂就去向老师请教是天经地义的，好问是一种诚实好学的美德；人家笑话自己无知，那是人家的事，自己完全不用理会它。

怕问老师还可能有别的原因，如与老师的关系不好，这就需要改善师生关系。一般情况下，主动问老师问题是改善师生关系的最好途径。有的青少年常常挨老师的批评，就不敢问老师了，这就需要鼓起勇气，尤其是第一次问老师时。

还有的青少年可能只害怕问异性老师，这是青春期对异性老师产生的性心理反应，感到不好意思造成的。其实，对异性老师有些好感是完全正常的，不必感到羞耻，坦然处之就会变得自然。

也有的青少年有些自暴自弃，认为反正学不好，问也是多余的，混混过去算了。这种观念是错误的，是一种妨碍学生自身进步和师生之间友好关系的有害心理，作为青少年，应当努力克服这种不良的思想。

利用课堂提问提升学习效率

在教学过程中，讲课是老师常用的方式，但也有不少老师采用不时穿插提问的方式，以期引发学生积极思考。作为青少年，应该对课堂提问有足够的认识，并积极投身其中。

（1）青少年面对老师提问的几种表现

很多青少年都这样认为：全班同学那么多，老师提问不一定叫到自己。如果自己思考了而老师又未叫到自己，那就吃亏，所以，他们干脆就不去思考老师的提问，并在心里祈祷：老师千万别叫到自己。他们在这个时间内一般的做法是：呆坐、低头不语、与周围同学聊天传纸条。总之，他们的大脑此时处于高度放松状态。

一部分学生听到老师提出的问题后，大脑高速运转，迅速思考。思考完之后，大脑就开始低速运转或者处于"待机"状态。如果会了，有的学生就会举手等老师提问到自己；有的同学开始与周围同学闲聊或低头不语。如果经思考不会，就开始等同学回答。当然也有部分学生去翻书查找答案，此时他们的大脑运转速度很慢。

（2）别人回答问题时一般青少年的表现

不想回答问题的学生开始为自己未被老师叫到而庆幸；那些不愿意思考问题的学生开始等看笑话，他们有时希望回答问题的同学出现各种各样的错误，自己此时可以高兴高兴，并能积累谈资。

一部分学生认为，这段时间里没有自己的事，因此，他们往往与周围的同学闲聊或呆坐在座位上或做与学习无关的事，此时他们的大脑处于放松状态。

一些人虽然在听同学的回答，但此时他的大脑处于半工作状态，大脑运转速度很慢，对同学的回答只是听，并没有思考"他回答得对不对"这一问题。

一部分人不但听，而且在分析该同学回答得对不对。

（3）如何面对老师的课堂提问

首先，把上一节课所讲的概念、定义、定理、公理、法则、公式等基础知识在大脑中迅速地过一遍。如果上一节课讲的概念、定义、定理、公理、法则、公式等内容共有10个，而自己现在只能想出其中的几个，那么说明什么问题呢？一方面，说明上一节课的听课效率不高，效果不好，此时，要提醒自己这一节课要认真做好。另一方面，说明自己没有投入一定的时间复习，课后要补上，此时要提醒自己：课后一定要投入一定时间复习、记忆，不能认为听完了，就算什么事情都过去了。要在自己一天的学习计划中留出一定的时间对当天的学习内容进行复习，同时，还要根据自己的记忆力情况确定是否有必要对前几天的学习内容进行复习。

在这里，还需要提醒的是，再将概念、定义、定理、公理、法则、公式等基础知识在头脑中过一遍，并不是口头一个一个地说出来，而是在大脑中一个一个地想出来，因为想的速度要比说的速度快得多。

注意：确定是否进行复习的依据，不是老师是否要求，而是自己是否已记住、掌握。

其次，把上一节课所涉及的解题方法、解题技巧在大脑中重新过一遍。解题方法、解题技巧属于基本技能，重新过一遍将起到强化、积累经验的作用。很多人都知道，当一道题自己怎么想都想不出解答方法时，如果此时有人提醒一下，告诉自己解题方法，哪怕是一个简单的手势，就能让自己迅速地解出那道题。积累方法和技巧就是积累解题经验。但是，当做到这一点时，一定要做到下面的第三步骤。否则，即使你记住了方法，尤其是当方法积累很多时，也可能就会出现拥有方法却不会用的现象。

再次，把上一节课解题过程中的分析推理过程在大脑中重新感悟、提炼一下。有的人一定会认为：这样做是不是有点儿太多余了。其实一点也不多余。这样做将事半功倍，并使自己脱离题海。为什么这样说呢？因为：

再一次的感悟、提炼上一节课解题的分析过程，并不是简单地将原分析过程重新在大脑中再现一次，而是对原分析过程的浓缩和追加投入智慧，力争从原分析过程中感悟出分析过程所遵循的潜在规律。即使在运用过程中没有进行感悟、提炼，而演变成迅速严格地推理一遍，这也不是原分析过程的再现，同样是有意义的。

再一次的感悟、提炼是将原分析过程中的理性的部分转化为培养出相应的能力、形成相应的意识、开发相应的悟性的过程，而不是为了记住原分析的过程。不妨想一下，从上一节课到这一节课，自己虽然不一定能记住具体的题目，但是对做题过程中出现的推理过程一定会记忆犹新的，因为该过程投入了自己的智慧，是自己动脑的结果。

在知识、方法、题目中，似乎每两者之间或者三者之间关系很简单，如果这样认为，那一定错了。因为无论是题目与知识的结合过程，还是知识与方法、题目与方法的结合过程都有个体的心理活动，而人的心理活动是最复杂的。

┃温馨提示┃
WENXINTISHI

再一次的感悟、提炼的另一目的就是悟出心理活动所遵循的规律，这也就是人们常说的要弄清楚解题过程的来龙去脉。

与同学结成学习伙伴

　　同学之间，应该既是互相竞争的学习对手，又是互相促进的帮助伙伴。在中考与高考的冲刺中，面对优胜劣汰的选择，很多青少年摆错了与同学们的关系，一味重视竞争、视所有同学为对手，从而缺少理解、合作和帮助。这对高效学习是不利的。学会在合作中促进学习，在学习中促进合作，既以积极的姿态欢迎竞争，又以友善的态度向他人学习，取长补短，这才是高效率学习的捷径。

合作学习好处多

合作，是人类社会的普遍现象，人与人之间的合作是必不可少的。美国心理学家舒兹认为，每个人都需要别人的帮助与关怀，每个人都具有人际交往的心理需求、控制需求与情感需求。美国心理学家马斯洛的需要层次理论认为，当生理需要、安全需要得到满足后，人们渴望与伙伴建立友谊，希望得到朋友与父母的喜爱。而当前三种需要基本得到满足后，就会产生尊重需要和自我实现需要。

人们在合作学习过程中，能够学会树立信心，学会尊重他人，学会怎样完成任务，取得成就，最大限度地发挥大脑的潜能，实现自我，同时也能获得别人的承认和欣赏。合作学习关系的建立，创造了与他人交往合作的时空，顺应了学生的心理需求，符合大脑的生理规律。

进行合作学习，是有很多好处的。美国心理学家布鲁纳认为："知识的获得是一个主动的过程。学习者不应是信息的被动接受者，而应该是知识获取的主动参与者。"他的教育观点就是鼓励学习者主动参与学习过程，进行"小组合作学习"。更好地发挥青少年们的主体作用，激发青少年们主动学习的欲望。

此外，合作学习能促进青少年之间在学习上互相帮助、共同提高。在传统式的教室里，那些没有听懂的同学只能缩在座位上希望老师别叫到自己，而在合作学习小组里，同学们就不必躲了，因为这种环境是毫无威胁的帮助式的，每个人都可以在此尽情地表述自己的想法或者向伙伴寻求帮助。

最后，合作学习还能增进同学间的感情交流，改善同学间的人际关系。在合作学习所营造的那种特殊的合作、互助的氛围中，青少年们通过共同学习与交往，增进了彼此间的感情，培养了彼此间的协作精神。

| 温馨提示 |
WENXINTISHI

在学习上，合作是一种比知识更重要的能力，是一种体现个人品质与风采的素质，是素质教育的重要内容。合作学习是一种群体智慧的交融，能够更有效地释放脑能和促进学习的创新。

结成学习伙伴要互相信任

信任是一种很奇妙的东西，你给予别人的越多，自己得到的也就越多。

信任是一种把握生命的感觉，信任也是一种高尚的情感，信任更是一种连接人与人之间的纽带。任何人都有义务去信任他人，除非能证实他不值得自己信任；每个人都有权利受到他人的信任，除非自己已被证实不值得他人信任。

有一个少年在一片漆黑的山路上走着，仓促间，脚下突然一滑，掉进了一个大洞。

在千钧一发之际，他抓住了一根树枝。他往下看，看不到底，四周也伸手不见五指。

他只有大喊"救命"，希望有人来帮助他。

过了很长时间，一个人经过这里，对他说："年轻人，你要我救你，你一定要相信我。"

"我相信你。"

"那么，你放开你的手。"

年轻人紧紧抓着树枝，大声说："你想害我，鬼才相信你呢！"他拼命地坚持着。

天亮的时候，他看见脚下的地面离他不到一尺。

拼命抓紧树枝的少年，如果信任别人他便不用费那么大的力气，轻轻松松地就能得到他想要的。相反，他心存怀疑，总防着他人害自己，白白在树上吊了一夜。

信任并不难产生，许多时候它存在于某个瞬间。一件事、一句话、一个眼神、一件礼物足以让人信任倍增；信任是一个过程，它是通过点点滴滴事件的叠加产生的，是一个潜移默化的过程，是人性善良、美好的体现。

举个例子来说，当你在学习中遇到困难向其他同学请教时，一定要抱着信任对方的态度，真诚地向其请教。相信如果他知道，肯定会非常乐意告诉你，即使不知道，也会诚恳地说："对不起，我也不清楚。"虽然你们的沟通没有最终解决问题，但这却是一个良好的开端。如果你向其他同学请教时不够真诚，只是抱着试试看的态度，那么被对方识破后，对你们将来同学关系的发展会非常不利。因为没有人愿意跟一个总是持怀疑态度的人进行沟通交流。

要获得别人的信任，就要先做个值得别人信任的人。对别人怀疑的人，是难以获得别人的信任的。当别人向你求助时，是出于他对你的信任，那么你也要以诚相待，做到以信任对信任。这样，大家在彼此的信任之中，就会亲如手足，真诚互助。管仲和鲍叔牙堪称互相信任的典范。

当年，齐国有两个王子，管仲和鲍叔牙作为谋士各自辅佐一个，这样，无论将来哪个王子登上王位，他们都可以相互举荐。后来，两个王子发生了争执，鲍叔牙辅佐的王子略胜一等，当上了齐王，便把所有反对他的人都抓了起来。

别人都担心自己活不下去了，只有管仲大笑着说："鲍叔牙必不负我，我的梦想指日可待。"果真，在好朋友鲍叔牙的推荐下，管仲成了齐国最著名的宰相。

同学之间要想成为好朋友，一定要以信任为基石，而友谊也只有在信任的土壤里才能开花结果。

在学习中，你有一种经验，他有一种经验，大家互相交流一下，你和他就同时拥有两种经验。这样，对大家来说都是一种促进。如果所有人都将自己的经验藏起来，所知就会很有限。

学习中，朋友之间互相切磋交流，比自己闷头苦想要高效得多。有时候自己几天也弄不明白的问题，几个好朋友聚在一起讨论一下，马上就豁然开朗了。

| 温馨提示 |
WENXINTISHI

一个篱笆三个桩，一个好汉三个帮。青少年学生只有用信任的线编织成友谊的网，才能自己和同学的朋友关系长久起来，才能收获更多。

合作学习需要相互支持

构成合作学习的重要因素就是积极的相互依靠、相互支持。没有相互依靠、相互支持，就没有合作。

在合作学习过程中，也要认识到自己不仅要为自身的学习负责，还要为自己所在小组的其他组员的学习负责。即认识到除非所有的组员都取得成功，个体自己才算是获得成功，必须将自己的努力跟其他组员的努力协调起来以共同完成某个预定的学习任务。

怎样才能形成积极的相互依靠呢？简单地分组、一起活动不一定完全奏效。在一个小组中，以下方式有助于积极的相互依靠、相互支持的构建：

（1）设定相互依靠的目标

为了使大家理解合作学习，小组成员之间应形成一种休戚与共的关系，并且关注彼此的学习状况，这就需要确立一个明确的小组目标，如："学会老师布置的材料并确保所有的小组成员也都学会这些材料。"小组目标其实就是一堂课的组成部分。

（2）给予相互依靠的奖励

当小组达到预定目标时，每个组员都可以得到相同奖励。每个人都可能希望增加共同的奖励来补充目标相互依靠。有时候，老师或者小组成员自己可以给整个组的成果论定一个小组分数，每个人的成绩则从测验中得出。假如全组成员的测验分数达到或高于某个标准，就可以再加分，或每个小组成员都可以获得额外的休息时间或一枚五角星等奖励。这样，就打破了由好同学包揽一切或小组成员各自为政的格局，可以推动小组成员互相帮助、共同进步。经常用这些方式庆祝小组的努力和成功可以提高合作的质量。

（3）互相分享资源

由于每个组员只能获取完成任务所需的部分资源，因此必须将各个成员的资源整合在一起才能完成任务。要想使合作关系更加有效，就应该集中各自有限的资料，互相分享资源，然后把这些资源集聚起来。

（4）角色的相互依靠

为了完成共同的任务，每个成员都必须担当相互联系、相互补充的角色以履行各自的职责。角色可分为：朗读者、记录者、理解程度的检查者、参与的鼓励者、知识解释者等，这些角色对高质量的学习来说很重要。例如，检查者的作用就是周期性地检查每个组员学习的内容。它和同学学习的水平、取得的成就有明显的联系。尤其是当班组人数较多，老师不能持续地检查每个同学对知识的理解时，就可以在合作学习小组中安排一个成员担任检查者的角色。

　　在合作学习的情境中，青少年有两个责任：一是自己学会所布置的学习材料；二是确保所有的小组成员都学会所布置的学习材料。这两项责任也就是"人人为我，我为人人"。

　　还有其他类型的积极的相互依靠。在劳动分工中，只有当一个组员完成他的任务，下道工序的组员才能完成自己的任务，此时积极的任务相应就产生了。当小组通过一个共同的名字或座右铭的形式建立起一个共同的身份时，就等于以积极的身份相互依靠。当小组与其他小组竞赛时，对付"外敌"的相互依靠就产生了。例如：在一堂数学课中，老师布置同学解一组数学题，全班同学被分为3个人一组。学习任务是让同学正确地理解每一道数学应用题，并能用正确的方法来解这道题。合作性教学的首要因素是积极的相互依靠关系。同学们必须认识到在某种程度上自己与其他人联系在一起，如果其他组员不成功，他也不可能成功，也就是"同舟共济"。

　　在这堂数学课中，老师通过要求组员对解数学题的方法和答案达成一致来创造积极的目标互依，通过让每个同学承担一个角色而形成积极的角色互依。读题者把数学题大声地读给全组听，检查者确保全体组员能正确解释如何解题，鼓励者以一种友好的方式鼓励全体组员参与讨论，有什么想法和感受大家共享。

　　资源互依是通过认领或分配每一个题目而实现的。全体同学在草稿纸上解题并互相交流看法。积极的奖励互依是通过给每组打5分来实现的，条件是全体组员在单元测试中都达到90分以上。研究表明，积极的相互依靠为相互作用、促进发展提供了一种情境；只有构建起清楚的积极的相互依靠关系，合作学习小组中同学间的相互作用才能产生更高的成就；目标互依与奖励互依一起运用比单一的目标互依能产生更高的成效。

积极的相互依靠能引发小组成员为达成小组目标而互相关心、互相鼓励、互相帮助，即成员之间更加有效地互相交换所需的资源和信息，并积极加以处理；能给其他成员提供反馈，以提高他们未来的学习绩效；对其他成员的结论和推理过程提出质疑，以提高对所考虑问题的决策质量和思考深度；在行动中表现出信任他人和值得他人信任的品质，会激励大家为共同利益而奋斗。

在一个学习小组中，积极的相互依靠发挥的作用越大，成员对知识的看法不一致的可能性和冲突也会越大。一个合作小组中的成员同学一门课程，大家会有不同的信息、观点以及切入角度，不同的理解和推理过程，甚至得出不同的结论。这些不同会导致不一致和冲突。当分歧出现时，既可以被有效地解决，也可以被破坏性地解决，这取决于小组如何管理这些冲突以及小组成员的人际关系和小组成员之间的共处技能。建设性地解决分歧能促使小组成员学会积极主动地查询资料，更新知识和结论。大家对讨论过的资料也会掌握得更好、更牢固，因而也会经常地使用高水平的策略。而对学生个体来说，在竞争学习和个人学习的条件下，就不大可能有对这些知识进行挑战的机会，其成功和推理的质量就会稍逊一筹。

合作学习的交谈学习法

与人交谈，是一条重要的学习渠道。我们日常生活中的许多知识、经验，往往是在交谈中获得的。可惜不少人对交谈的学习意义重视不够，没有有目的地用交谈方法进行学习的意识，错失了许多宝贵的学习机会。交谈学习法正是针对这种情况提出的，主要是以提高交谈自觉性为特征的学习方法。

所谓交谈学习，就是学习者有意识地通过和周围的人谈话，来巩固已学知识并获取新知识。

交谈学习可以从共同阅读的材料开始，也可以从自己在学习中遇到的疑难问题开始。在交谈中，要虚心听取对方的意见，补充自己在记忆上、理解上的弱点；同时要抓住机会说出自己的感受和收获，做到相互交流信息，相互激励和启迪。

（1）交谈学习法的形式

交谈的形式，可以是两个人进行的对话，也可以是多人参加的集体交流。

① 争论。争论为什么能增强学习效果呢？这是因为在争论一些问题时，大脑处于兴奋状态，争论越是激烈，就越能促使双方回忆识记过的材料。这样，在争论中，双方都加深了印象，错误的得到纠正，正确的得到承认，记忆由此得到了巩固。

教育家加里宁对于争论曾有过精辟的论述。他说："当你们独自阅读时，你们只了解到一面，即使了解三面，还是没有了解到第四面，最后把四面全都了解了，可是哪知这东西不是平面，而是一个立方体，总共有六面。所以同别人一起讨论，能把思想磨炼深刻，能使思想丰富起来。"实际情况正是这样。交谈争论某个问题，一边在提取记忆，一边在检查记忆的准确性，同时又在贮存新的知识。

再则，即使记得正确的知识，与人交谈争论也会延长贮存期，这是因为争辩强化了你头脑中对这一知识的记忆。

| 温馨提示 |
| WENXINTISHI |

交谈学习不仅可以使学习者获得更加完整客观的知识，而且有助于增强学习者对知识的记忆和运用，提高对学习的自信心。

② 辩论。著名科学家杨振宁说，美国的教师鼓励学生提问，鼓励向最了不起的权威提出质疑。美国的学生在学习中热衷于吸收各学科的成就，热衷于辩论，从而获得迅速的进步。而中国的学生在学习中往往是全盘接受，他们的老师不喜欢学生的想法与自己有稍稍相悖之处，学生们习惯于接受而不习惯于质疑和考证，因此，老师们以拥有丰富的知识而自豪。

因此，杨振宁主张，中国的学生应该学习美国学生那种敢于怀疑，敢于创新，以兼收并蓄为主的学习方式，应该勤于辩论，把辩论放在与学习同等的地位上去。

③ 议论。就是用讨论、议论的形式进行学习。培根所说"会谈使人敏捷"，就是针对这种学习而言的。

用于读书学习的议论方法也称议读法，这种方法的主要价值首先在于它可以把自学发展为互学，扩大见识，加深理解，彼此提问，各抒己见，互相启发，能弥补独立阅读的不足；其次，可以发展评论和批判能力，培养敢于思考敢于争辩的性格。在议读时，要迅速明确议题的要点，迅速组织论据，具体论证，敏捷表达，这是发展智力的好方法。

（2）交谈学习法的要求

无论哪一种交谈形式，都要求学习者首先具备相当的倾听能力。听，不仅是"谈"的基础，同时也是个人汲取知识的主要手段。在倾听别人的谈话时，要做到以下几点：

① 全神贯注。全神贯注不仅能使自己听得清、记得牢，而且能对讲话者起鼓励和激励作用，使对方的智慧火花充分放射出来。

② 注重倾听对方谈话的含义。不过分挑剔枝节问题，如不挑剔别人的口才、口音和口气。要时刻想着"从他的谈话中，我能得到什么知识"，从中吸取一切能为我所用的东西。

③ 听其言，观其色。倾听者如果善于听言观色，便能把别人的表情动作和自己的思想感情沟通在一起，从而生动而深刻地接受和融会别人所要表达的东西，使一切重要之点在自己头脑刻下深深的烙印。

④ 耳手并用，调整思维。据测，人的思维速度比说话要快三四倍。遇到谈话缓慢的人，思维更是大大跑在耳朵的前面，这就需要随时调整我们的思维，包括思维的速度、广度和深度。可以耳手并用，边听、边看、边写，记下别人讲话的精髓，写下自己感觉最深之点以及自己有创新思维的见解。

跳出合作学习误区的 7 个方法

在合作学习中，有不少青少年陷入了误区，非但没有达到"提高学习效率"的目的，反而使合作学习陷入形式主义的泥潭。进行合作学习，应注意以下几个问题：

（1）变"要我合作"为"我要合作"

面对合作学习，很多青少年都有这样的认识：是老师"要我合作"的，并不是自己觉得这个疑难问题仅靠个体思考已无法解决，迫切需要同伴、小组或团队这样的集体合作。

这种合作学习仍然是一种被动的学习，如此被动地探索钻研，将会导致对问题的了解流于表面，对问题的解决过于敷衍，这样的合作学习苍白无力，毫无意义。相反，青少年应该有"我要合作"的观念，在优势互补中使自己对问题的理解更加全面。

（2）把握合作学习时机

合作学习虽是学习的一种重要方式，但不是唯一的方式，因此，青少年要根据学习内容，选择有利的时机进行合作学习。在实际的学习过程中，一些青少年为了追求学习方式的多样化，不根据学习内容的特点盲目地采用小组合作学习的方式，结果由于时机不当，收效甚微。一般来说，较简单的学习内容，只需要个人独立学习，而较复杂、综合的学习内容，则可以采用小组合作学习的方式。

（3）建立相互信赖的关系

相互信赖是指小组成员之间一种积极的互助关系，每个成员都要对自己所在的小组负责。如果没有这种相互信赖的关系，往往会出现小组内"各自为政"的现象。如老师给出了共同探讨的问题，同学们各忙各的，一旦自己找出了答案就万事大吉，至于组内其他成员进展如何则不闻不问，整个小组处于一种"形不散而神散"的状态，这是非常不利于合作学习的。只有建立相互信赖、彼此负责的关系，才能促进小组成员的共同进步。

（4）重视独立思考能力

合作学习旨在通过小组讨论，互相启发，达到优势互补，解决个体无法解决的疑难问题。但是合作学习必须建立在独立学习的基础上，有些小组成员不经过深思熟虑，就匆忙展开讨论，要么坐享他人成果，要么人云亦云，盲目随从，对小组内的不同见解根本无法提出真正意义上的意见或建议，也无法做到吸取有效的成分修正自我观点。这样的合作学习不但解决不了问题，反而在无意中剥夺了自己独立思考、自主学习的机会。

（5）合作时间要充裕

没有充裕的时间，合作学习将会流于形式。因此，小组长要给小组成员提供充分的操作、探究、讨论、交流的时间，让每个成员都有发言的机会和相互补充、更正、辩论的时间，使不同层次同学的智慧都得到发挥。

温馨提示
WENXINTISHI

在合作学习之前，还要留给成员足够的独立思考时间，因为只有当成员在解决某个问题百思不得其解时进行合作学习才有成效。

（6）掌握合作的技巧

合作的手段能否充分运用，这是体现小组合作学习是否真正展开的关键性问题。我们要掌握合作学习的方法并形成必要的合作技巧，包括如何倾听别人的意见、如何表达自己的想法、如何纠正他人的错误、如何汲取他人的长处、如何归纳众人的意见、如何处理独立思考和合作交流的关系等。

（7）养成专心致志的习惯

有些青少年自制力不强，不专心，注意力不集中，易受干扰，爱做小动作，爱跑题，讲一些与主题无关的话题，或过于喧闹，影响了合作学习的效果。因此，青少年们必须培养自己专心致志的习惯。

积极开展竞争有助于提高学习效果

也许青少年们早就体验到了学习竞争的激烈。所谓积极竞争，是相对于消极竞争而言，是指以同学之间的竞争心理和竞争行为为手段来促进自己的学习得以提高的学习策略。对于青少年，尤其是面临着高考竞争压力的高中生而言，学业的竞争是不可避免的。建议大家在互帮互助中共同进步，共同提高，并不等于要否定竞争的积极作用。

竞争是把"双刃剑"，用好了利人利己，可以大大促进自己的学习；用不好则会误人误己，不仅会阻碍自己的学习，还会影响到同学之间的感情。因此，对于竞争要有一个清醒的认识。

积极竞争对青少年的学习有什么好的作用呢？

（1）可以激发学习动机，发挥学习者的潜能

王玉玲同学，2001年高考河北省保定市第二名，她认为，自己之所以能从一个小县城里脱颖而出，在很大程度上得益于自己的竞争对手。"是这些竞争对手不时地鞭策我、激励我，使我在成绩面前不骄傲，在失败面前不沉沦。"

当你和某一个同学成为学习上的竞争对手时，你的学习目标就会非常明确了。课堂中的每一次提问，每一次作业的质量，每一次考试的成绩等等，你们都会比一比，从而使你每天的学习目标都很明确，不敢使自己有任何松懈，潜能也就得到了充分的发挥。

（2）同学之间可以相互交流、相互借鉴、相互帮助

积极的竞争是在一种友好的氛围中进行的，它是借助竞争来实现自己和同学成绩的共同提高，而不是自己上去了，却把同学踩下来，因此，这种竞争实际上也是合作的另一个侧面，它不否定合作，在竞争中大家也会互帮互助。

| 温馨提示 |
WENXINTISHI

在积极的竞争中，人们的自尊需要和自我实现的需要更为强烈，克服困难的意志更加坚定，争取胜利的信念也更加坚定。

利用现代化工具帮助
自己高效地学习

如今，科学技术日新月异，给人们的生活带来了诸多便利。如果青少年也能将一些现代科技成果运用到自己的学习中，那么不仅会驱赶学习带来的疲劳厌倦，也会有效激发青少年的学习兴趣。多媒体产生的"声、图、像"，能够全面激发大脑的感知细胞，从而提高获取知识的能力。多媒体学习工具能将学习生动化，并能使学习事半功倍。

借助现代化工具，提高学习效率

几千年的传统思想，决定了我们在学习过程中不喜欢使用现代化工具。有很多人认为，学习本来就需要我们动用大脑，如果我们借助于现代化工具，总有点格格不入。其实，这是传统思想在作祟。借助于现代化工具不是扰乱我们的学习思想，而是帮助我们更好地学习。而且，很多学习内容，如果不借助于现代化学习工具，几乎是达不到目的的。所以，我们应该突破传统的学习方法，勇敢地接受现代化学习工具，更轻松、更快速地进行学习，这样才能更好地提高学习效率。

回顾人类历史，我们应该明白，现代人并非就比古代人的智商高多少，甚至我们还不如很多古代的优秀者呢。但是，古代人与现代人对社会的认识，对人类的贡献，两者之间的差距大得惊人。最为关键的一点就是，现代人学会了使用机器和工具，更加讲究学习和工作的效率。比如，古代没有机器，所有的事情都必须依靠手工来完成，现在因为有了机器，一台机器、一种工具在一分钟内完成的工作量是一个人用手工劳动一生都不能完成的。学习同样如此，如果借助于现代化学习工具，学习的效果是不用现代化学习工具的好多倍。更有甚者，很多学习内容如果不借助于学习工具，是不能完成的。比如，计算一个非常大的天文数字，如果不借助于现代计算器或者电脑，你根本无法完成计算。

虽然现代化学习工具有这么多的优点，但是，能够利用现代化学习工具学习的人依然不多。不过，随着社会的进步，已经越来越多的青少年开始使用现代化学习工具了。其实，如果能够合理地运用现代化学习工具，学习效果会更好。比如，当我们使用了录音机以后，即使没有快速记录的水平也无所谓，因为录音机可以帮我们完成这个工作。

这样，不但给我们提供了方便，还节约了大量的时间，然后我们可以利用节约下来的时间去学习别的东西，提高了学习速度。又比如，当你学会使用电脑上网以后，就不必再到浩如烟海的图书馆和资料室里茫无目标地查询资料了，只需要直接在网络的搜索引擎里输入关键字，然后搜索就可以了。这种方式查询资料的速度非常快，而且资料非常丰富。

| 温馨提示 |
WENXINTISHI

每一个想要快速学习的人，都要大胆地突破传统的学习方法，充分地享受现代化学习工具的魅力。它们将快速地提高你的学习效率。

利用随身听随时随地学习

据调查，在校青少年中，无论是大学生还是中小学生，几乎每一个人都拥有一台随身听。也就是说，随身听已经成了学习的主要工具之一了。随身听其实就是非常轻便的小型录音机和收音机的结合体。作为日常生活的用品，随身听已经是寻常之物了。但是，除了学生以外，很少有人将它的学习功能发挥出来，平时也只是听点音乐作为娱乐。

如果将随身听用于学习，一定会收到很多意想不到的效果。那么，怎样才能将随身听的学习功能发挥出来呢？利用随身听学习的方式有哪些呢？

（1）以听代读，提高学习效果

利用随身听学习的主要方式就是以听代读，传统的学习方式就是广泛地阅读，扩大自己的视野。但是，随着时代的需求，我们在忙碌的时间里依然不得不学习，补充人生的营养。用"听"同样能够达到"读"的效果。

青少年学生带着随身听的目的，主要是以听代读进行学习。他们说："随身听基本上用来进行英语听力和口语训练，另外，还通过收音机收听一些广播电台的教育类节目。"

他们认为："现在对英语的要求越来越高，以前的"哑巴英语"已经被淘汰了，所以我们不得不加强英语听力训练。现在几乎每一个人都有一台随身听，而且，这也是英语老师在课堂上强调的。"

| 温馨提示 |
WENXINTISHI

对于青少年来说，随身听的作用十分明显。现在，有很多书籍都制作成电子类型的，我们可以通过听的方式，获取自己原来只能通过读来获得的知识。

（2）利用音乐调节学习气氛

据一位在牧场工作的朋友说："如果放点音乐给正在产奶的奶牛，所产的牛奶就会多一点。"音乐能使一个人拥有振奋的情绪，使思考变得顺畅，如果将音乐与学习有机地结合起来，当你学习感到疲倦的时候，就放一点轻柔的音乐，调节一下紧张和劳累的情绪，这样有利于提高学习效率。所以，当我们学习感到劳累的时候，可以适当地放一点轻柔的音乐，调节学习气氛。

（3）利用随身听随时学和反复学

因为随身听轻便，所以携带比较方便，无论到什么地方，都可以拿出来学习。这一点是随身听最主要的价值体现。同时，作为快速学习法的主要现代化工具之一，其优点就是学习方便，随时随地都可以用于学习。

另外，就是反复学习。这一点同样重要。当我们对一个知识点，对一个单词的发音拿不准的时候，可以通过随身听反复练习，直到弄懂为止。有一位大学生对我说："这东西就是好，老师不可能对一个发音练习无数次，但随身听就可以了，你需要听多少次，它就读多少次。"

用好 CD 与 VCD 实现高效学习

随着科技的进步和人们对各种教育方式的逐渐认可，出现了很多录音教程。这些课程通过CD和VCD就可以学习。

通过CD和VCD学习，既有优点，也有缺点。如果想要取得成功，需要特定的学习策略。

（1）通过 CD 和 VCD 学习的优点

通过CD和VCD学习，有很多优点。它可以在自己方便的时候、方便的地方听（看）。

·使用这类学习材料，可以随时开始、随时停止和继续。

·可以多次重复播放这些材料。

·可以同时做些别的事情（例如，在修剪花木或做饭时听CD；在健身或熨衣服时看VCD）。

·永远都有一份授课副本供日后复习。

（2）通过 CD 和 VCD 学习的缺点

通过CD和VCD学习，也有一些不足。它不像真实课堂那样，有固定的时间和地点。

·这种学习方式可以随时中断，久而久之你就对中断习以为常，从而使学习缺乏连贯性和系统性。

·在这类学习中，你的学习可能比较被动。因为不管怎么样，你都不会漏掉任何信息，漏掉的地方只要再放一遍就可以补回来。知道这一点后，你在看第一遍录像时就容易偷懒。

·不能跟老师进行面对面的交流。绝大多数远程教育确实可以通过电话、传真或电子邮件与老师联系，但这都不如课堂提问来得及时。

·学习比较孤立。虽然拥有课程的全部资料，但缺乏学习的大环境，无法跟同学进行互动交流。有时候，同学间思想的碰撞更能擦出智慧的火花。

（3）通过 CD 和 VCD 学习的策略

如果你已经选择了这种学习方式，你可以遵循下面的原则：

·培养"从一开始就做好"的态度。消极的学习是对宝贵时间的极大浪费。如果刚开始都不能全身心地投入到学习中去，那你如何能把整个学习过程坚持到底呢？再说你还得找时间另外补某一课的内容，简直是浪费。

·只有在专门的学习过程之外，才可以边干别的，边听（看）音像资料。我们通过对记忆和专心的讨论已经知道，在需要高度集中的学习过程中，干别的事情会大大降低学习效率。因此，如果你只在慢跑时听CD，就想把CD上的内容转化为自己的知识，这几乎是不可能的。

┃温馨提示┃
WENXINTISHI

请你像对待真实课堂一样，对待每一次学习。遵照本文中提出的所有技巧和记录笔记的方法去完成每一次学习。记住，做笔记不是一种机械运动，而是一种创造性的学习活动。

收听收音机的广播学习法

广播学习法是一种很老但很实用的学习方法。

所谓"广播学习法"，是指利用收音机进行学习的方法。利用收音机进行教学和学习讲座有很多优点。

· 它对学习工具的要求简单，因此不分城市和乡村均可利用；

· 由于收音机不受地域限制，因此可以直接接受第一流专家的指导；

· 由于每天的节目内容的播放时间固定，因此可以纳入自己的学习计划；

· 自己按时开关会产生主动学习的积极性。

（1）利用广播学习英语的优点

广播是面对听众，集中阐述某个问题的说话形式，借助于音响向人群进行宣传。

学习英语的方法、途径虽然多种多样，但绝大多数学习英语的人却苦于缺乏一个地道、真实、立体化的学习环境。而利用收音机学习英语恰好可以弥补这一不足，大大提高英语学习的效率和水平。因为利用广播学习英语具有如下优点：

① 语言地道、准确。收音机里的英语广播节目所使用的语言都比较规范、地道，尤其是像BBC、VOA、Radio Australia、China

Radio International等广播电台能为我们提供非常地道的英语语言范例。

② 时效性强。英语广播节目因为其自身特点，具有很强的时效性。因此无论是我们所收听到的内容，还是所听到的语言往往都是非常鲜活，非常具有时代感的，这样可以弥补平常学习材料内容陈旧的重大不足。

③ 信息量大，具有选择性和开放性。英语广播节目信息量大，内容丰富，涉及政治、经济、军事、文化、体育、生活、娱乐等与学习、工作和生活密切相关的方方面面的知识和信息。

同时，英语广播还具有很强的选择性和开放性。我们可以根据自己的能力、需要选择收听不同的电台以及不同的节目内容，如英语入门、英语新闻、专题讲座等。

（2）利用广播学习英语的作用

英语广播节目的内容丰富，可谓五花八门。俗话说，"弱水三千，只取一瓢"。可以利用英语广播节目重点学习下列内容和培养下列能力。

① 学习词汇。扩大词汇量是利用英语广播节目学习英语的一个重要内容。电台的英语广播节目会为我们英语词汇的学习提供大量具体、生动、真实的范例。因此我们应该好好利用英语广播节目学习生词、词组、成语及习惯用语、流行词语，并注意学习掌握一些常用词汇的不同用法，从而丰富充实自己的词汇库。

② 提高听力，促进口语提高。正所谓熟能生巧，坚持收听英语广播，听力会自然而然地提高。但在培养听力时，应有计划性和针对性，注意处理好泛听与精听的关系。英语广播节目有一些内容是以对话等互动的方式呈现，因此，收听这些节目时应注意节目中的人物如何进行表达和交际，从而通过收听提高、促进自己的口语表达能力。

③ 积累文化背景知识，提高英语综合能力。英语广播节目还给我们提供了大量有关英美等西方国家的文化背景知识。如VOA的The Making of A Nation（建国史话）、American Mosaic（美国

万花筒），BBC的英国生活、西方音乐的故事，Radio Australia的澳洲风情、澳洲生活等。它们能使我们了解这些国家的历史、地理、建筑、音乐、风俗习惯等多方面的文化背景知识。

我们在收听学习时应注意对文化背景知识进行积累。这些对提高我们的英语综合水平和能力是大有益处的。

（3）利用英语广播学习英语的大致方法

① 要选择一台合适的收音机。"工欲善其事，必先利其器"。好的学习工具能起到事半功倍的效果，因此要注意这个问题。要想清楚地收听到英语广播节目，最好选择一台双声道、信号接收好、抗干扰能力强的收音机。

② 要制订一个切实可行的收听计划。"凡事预则立，不预则废。"制订一个切实可行的收听计划是保证收听时间，提高收听效果的前提。因此在利用英语广播学习英语时，要根据本人的英语基础和能力、需要、喜好、可支配时间等因素来制定好收听计划。

③ 一定要循序渐进，持之以恒。利用英语广播学习英语时要量力而行，循序渐进。在收听之前收集一些所要选听电台的资料，熟悉其栏目内容与播音员常用语句，会对收听大有帮助。在此过程中，我们也可以去买一些英语广播节目的图书资料与CD进行热身学习或在收听学习过程中对比参考。另外，向那些有英语广播收听学习经验的人请教也不失为一个好的办法。

在日本，对收音机的收听时间以及利用方法的调查认为，广播学习法利多弊少。收音机同在教室里上课一样，是以讲课为主的，利用它来学习要始终集中注意力。

在利用广播学习时还要注意：

·要有计划地收听，列入自己的学习计划，养成按时收听的习惯；

·有选择地听，目的不同收听的科目也就不同。在选择节目时要考虑到本人的特点、学历程度以及对这门学科的兴趣大小等因素。

正确地利用电视来学习

电视学习法除了具有广播学习法的种种优点之外，还有一个更为重要的特点就是增加了视觉在学习中的作用。现代神经心理学实验证明，多种感觉器官一齐上阵参加学习，要比一种感觉器官孤军奋战单独记忆的效果好。

运用电视进行学习，能够充分调动眼睛、耳朵、大脑等多种器官积极活动，因而能取得满意的学习效果。但是目前这种方法受到了很大的争议，许多人认为，这种方法会影响孩子的学习成绩。

许多教育工作者和家长限制青少年接触媒介的理由之一就是：青少年接触媒介的时间越长，学习时间会越短甚至无心学习，而导致学习成绩下降，其实，这是一种误解。

| 温馨提示 |
WENXINTISHI

据相关数据表明，人从听觉获得的知识，能够记住 15%；从视觉获得的知识，能够记住 25%；而把听觉和视觉结合起来，则能够记住二者所获得的所有知识的 65%。

（1）看电视与学习成绩无直接关系

有关学者根据调查研究，得出青少年媒介使用的时间长短不能独立决定青少年学习成绩的好坏这一结论。依据是：

① 不同的媒介种类（如电视、广播、书籍、电子游戏机等）及不同的媒介内容（如纪实类内容和娱乐性内容等）对青少年学习活动的影响是不同的；

② 青少年学习成绩的好坏受许多因素影响，诸如教师对青少年的态度、家庭关系、青少年的成就需要、青少年的自我接纳程度、青少年同伴关系等等。

学者们比较了超常青少年与常态青少年的媒介接触时间，发现两组青少年在电视、广播、报纸、杂志、录音机、游戏机等接触时间上没有显著差异，但超常青少年比常态青少年接触更多的印刷媒介，更偏好新闻、科学知识、科学幻想、探险等媒介内容。可能有人会说，因为超常青少年聪明，所以他们看了同样多的电视，成绩却比常态青少年还好，但这恰恰说明了看电视时间长短不是决定青少年学业成绩的唯一因素。

那么，对智力相同的青少年来说，媒介接触长短与其学业成绩是一种什么关系呢？有关调查发现，电视接触时间越长，青少年学习成绩越低，其他媒介如报纸、书籍、广播等或与青少年学习成绩成正比，或对学习成绩没有影响。但是，如果考虑了其他影响青少年学习成绩的因素，电视接触时间长短的影响就很低了，几乎可以忽略不计。

在这项研究中，最能影响青少年学业成绩的是同伴关系、班主任对青少年的态度、青少年的成就需要、青少年的自我接纳程度和学习上的认知需要。相比之下，其他因素，包括所有媒介使用的时间对青少年的学业成绩均没有显著影响。

学者们解释说，对大部分青少年来说，依靠限制青少年接触媒介的时间来提高学习成绩是不现实的。培养青少年的自信心、学习兴趣和追求成就的态度可能比限制他们的媒介使用时间更重要。

（2）正确引导让电视成为学习好工具

事实上，电视是一把双刃剑，可以让青少年变得更聪明，也可以让青少年变笨。人们常常被告诫说看电视对青少年不好，会令他们学习退步，但我们常常会惊奇于青少年们从那闪烁的屏幕上学来的知识。虽然如今电视节目令人眼花缭乱，要让青少年决定看什么确实很难，但只要教师和家长善于引导，就能较大程度地发挥电视的积极作用。

可以给青少年一些建议，制定看电视的规矩，建议家长最好和青少年一起看电视。这样做既可以有效监督，又可以引发一些讨论，帮助青少年认清什么是精品，什么是垃圾，形成正确的审美观。此外，还要把看电视与看书、参观、游戏等活动结合起来，使青少年的各种知识能互相联系，更系统化，更容易记忆。

如果能够对青少年进行正确的引导，其实，电视也可以是个很棒的学习工具，如美国在20世纪五六十年代开始制播的"芝麻街"、"电力公司"和"罗杰先生的邻居"到现在仍帮助孩子们在童年阶段学习阅读、数数、学习社会化和感觉结合；以及公共电视的自然节目教导孩子从各方面去认识世界以及生活在其中的生物。

化解学习压力，消除学习疲劳

方法不正确，学习就会感到很难。心态不端正，学习过程就会很烦。好心态是快乐学习的必要条件，也是高效学习的必备因素。

在快乐的心态中学习，效率最高，效果最好。一旦学习心态不佳，压力就会增大，焦虑就会增多，厌学就会不可避免。

青少年的心理，容易被诱惑影响而心猿意马，也常常受外界干扰而产生变化。只有找到其根源，端正其心态，才会让学习跃上一个新的台阶。

正视自己的学习压力

压力的形成，不外乎两个条件，一是外界的刺激，二是内心的感受。后者往往是人有压力感的主要来源。不同的青少年，面对同样繁重的学习任务，有人轻松，有人却紧张；有人把压力当作动力，有人却把压力当作负担。心态的差异造成了他们行为的不同。只有调整好自我心态，才能从容面对学习压力，才能快乐地学习。

当你明天要进行一场重要的考试；当你明天要在全班同学的面前做一个演讲；当一篇作文要交了，可是你还在一遍遍地修改，担心写得不够好，不能得到老师的欣赏；当一次考试你没有考好，而老师说过几天要开家长会；当你们全班同学明天都要去溜冰场，而你还一点儿都不会……在这些情况下，你感到担忧、焦虑、恐惧，甚至有可能一想到这事就会觉得心跳加速、脸涨红，或者胸口闷，喘气困难……这就是你感到了"压力"。

（1）压力是由什么引起的

一般来说，压力的产生需要一些压力源，即外部的刺激，才会产生压力。在平常的情况下，正常的生活、上学、同学交往，一般来说都会觉得很平和自然，只有到了一些事情要发生，而那些事情会引起你焦虑、恐惧，觉得难以应付的时候，才可能产生压力。压力源包括很多种：家庭里父母不合、离异、家庭暴力、亲人的生病或去世，学习压力，进入新环境，与同学之间的交往，生病或受到意外伤害……当这些事情即将发生或已经发生，它们都会导致中学生产生压力。

压力与很多内在的因素有关。如果它是一件带给你很大消极情绪体验的东西，比如说你曾经因为没考好，被爸爸骂过一顿或打过一顿，那么再面临重要的考试时，你就可能想到那一次可怕的惩罚，而感到焦虑。

压力也与青少年的人格特点有关。有的青少年属于容易焦虑的人，他们比其他的人更容易产生焦虑，对于他们来说，较少的外部压力就会引起他们很大的紧张反应。比方说忽然被通知要在学校校庆晚会上，在舞台上担任主持人或表演一个独唱，绝大部分人都会感到紧张和有压力的。一场重要考试也许会使那些容易焦虑的青少年几天都无法正常地生活，一天到晚都会挂念着考试，吃不香睡不好。

| 温馨提示 |
WENXINTISHI

压力是一柄双刃剑，它包含两个含义，首先它是指那些使人感到紧张的事件或环境刺激；其次，它是一种紧张的心理状态，是一种主观的感觉。

（2）压力会给人带来什么样的反应

在有的情况下，压力并非都是坏事。有的压力是一种挑战，虽然在你努力应对这种挑战的过程中，会有一些紧张，会有一些痛苦，但当你顺利地战胜了这种挑战之后，发现它会给你带来成长和进步的机会。举例来说，老师让你写一篇流畅、优美的英语作文，并让你当众念了之后再让同学们点评。这可能对你来说压力很大，因为要写好流畅优美的英语作文并不是件容易的事情。然而，因为这个压力的作用，你可能会努力地去学习英语范文，背诵课文获得语感，等等，最后终于写出了一篇不错的英语作文。可能这篇作文的水平让你自己都会感到惊讶，这是自己写的吗？实际上，如果老师没有提出这样一个比较高的标准，你可能就不会努力地和有创造力地完成这样一篇作文，你的水平也不会提高得这样快。

不过，据科学家的研究，压力只有适当时，人的潜能才会发挥得最好，当压力过高或过低时，一般都不会有很好的发挥。很简单的一个例子，假如你平时在班上的排名一直在七八名的样子，这次期中考试你给自己设的目标是进入班上前五名，那么你可能就觉得，虽然有一些压力，但如果努力就有可能达到这个目标，因此你就会努力地学习。而如果你给自己设的目标是一定要达到第一名，你自己也知道，无论怎么努力也不可能在短期内达到这个目标，于是你认定这个目标肯定不能达到。既然无论如何也不能达到，你就渐渐地放弃了对目标的追求，也放松了对自己的要求。而如果你给自己设的目标是进入前十名，那么，不努力也能够达到目标，又何必再花心思呢，于是你也不那么努力了。

然而，压力也有可能使人产生疾病。当人们遇到压力时，大脑经植物神经系统和下丘脑—垂体—肾上腺复合体的输出，启动机体的自然防御，从而应对压力，在这个过程中，会伴随一系列的生理反应，如心脏容量加大、血压升高、较快形成动脉斑及加速磨损的全身状态的改变，也会影响到呼吸反应，并且抑制免疫系统。如果压力长期存在，这些器官和系统的生理变化也会长期保持，从而对机体产生负面的作用。压力会引起的比较常见的疾病包括哮喘、高血压、消化系统溃疡等。

青少年存在学习压力的三种情形

青少年面对繁重的学习任务，面对深夜都难以做完的家庭作业，面对激烈的学习竞争，面对意义重大的中考或高考，往往会感到学习的压力。青少年学习压力问题主要表现在以下三个方面：

（1）不适应学习环境

学习是青少年的主要活动，在其日常生活中占有非常重要的地位。但是，目前由于"应试"教育的影响，青少年承受着巨大的学习压力。由学习所带来的压力也成为他们心理压力的主要内容。研究表明，大约有三分之一的青少年感到学习压力很重甚至极重，这严重影响着青少年的身心健康。

（2）对学习感到恐慌

心理学研究表明，学习压力的适应障碍一方面可以造成青少年认识与情绪方面的困扰，包括焦虑、紧张、悲伤、疲乏、烦闷、易怒、注意力不集中，以及记忆力减退等；另一方面，学习压力过大，还会导致青少年的学习兴趣、学习的恒心和毅力、抉择的果断性、做事的信心，以及忍耐挫折的能力都会有所降低。

（3）学习效率严重降低

学习压力过大，还会引发青少年一些不良的生理反应，比如，眼睛疲劳、视力下降、头痛、耳鸣、胃肠不好、肌肉酸痛，以及失眠多梦等。这些不良的生理反应会严重地影响到青少年的学习，使其丧失对学习的兴趣，严重厌学情绪，学习过程中易疲劳、无法集中精力、学习成绩迅速下降，等等。

| 温馨提示 |
WENXINTISHI

大雪压青松，青松挺且直。青松可谓是植物中抗压的高手。青少年学生理应向这位高手学会"抗压"。

青少年为什么会感到学习压力过重

青少年感到过重的学习压力是学习心理问题的一种表现。通常产生过重的学习压力的原因有以下三方面：

（1）客观因素

青少年的学习能力与学业对青少年的客观要求之间有差距，

青少年在客观上难以胜任学习任务或学习环境，就容易导致青少年产生较大的学习压力。比如，有些出类拔萃的青少年升入中学或大学后，却表现平平，环境适应不良往往是一个重要原因，即中学生的学习能力与新的学习环境之间不一致。

（2）动机因素

如果青少年的学习动机不合理，学习积极性不够，或者青少年不愿意承担学习任务，对所从事的学习活动并不感兴趣，再或者青少年的学习是为了赢得父母的高兴、老师的表扬、同学的羡慕，等等，那么，这些情况都容易导致青少年主观上感受到巨大的压力。

（3）期望因素

如果青少年的学习能力与其在学业上的自我期望有差距，自我期待过高，也会导致青少年在主观上感到过重的学习压力，觉得自己难以胜任学习任务。这既是一种自我预期过高造成的主观压力，也是目标超过实力造成的客观压力，如果不及时加以消除，青少年往往会进一步产生自卑感。

许多调查结果都表明，学业压力问题在青少年中是普遍存在的。相对而言，成绩较差的青少年的学业压力往往比较容易被人重视，但对于平时成绩较好的青少年，学业压力常常被他人所忽视。

｜温馨提示｜
WENXINTISHI

如果青少年不能灵活应对客观因素，或者对新的学习环境缺乏心理准备，就可能导致学习压力过重，引起心理上的不适应。

（4）化解不同的学习压力的不同方法

青少年学习压力问题的表现多种多样，情况较为复杂。下面我们主要从青少扩进入新的学习环境后产生的学习压力、面对升学所产生的学习压力、面对过重的学习负担所产生的学习压力三个方面，为青少年提供三种有效的方法。

对于第一种原因造成的学习压力感，主要的缓解对策是青少年要弄清楚自己的学习能力状况，掌握高效的学习策略和方法，从而提高自己学习的效能感和自信心。因此，青少年有必要做好以下几种认知准备：

·努力适应新环境，在心理上对新的学习环境有充分的思想准备，能够灵活应对，这样就会减轻学习压力；

·学习往往不是一蹴而就的事情，它可能会充满曲折；

·失败只是成功的暂停，不要因为一次学习失败，就委靡不振；

·需要自我激励，但不要过多的自我责备，让自己背上不必要的思想包袱。

对于第二种原因造成的学习压力感，主要的缓解对策是青少年激发自己的学习动机，提高学习的积极性和自觉性，从而改变青少年厌学的消极态度，消除其主观的压力感。因此，青少年有必要认识到以下几个方面：

·要根据自己的能力，确定适当的抱负水平，激励自我积极进取的精神；

·"好之者，不如乐之者"，兴趣是最好的老师；

·积极地进行自我反馈，积累成功体验，没有什么东西比成功更能激励一个人进一步追求成功的努力了。

对于第三种原因造成的学习压力感，主要的缓解对策是青少年要正确地认识自己，建立客观的自我概念，学会合理地设定适合自己能力的目标，并对学业上的成功和失败有正确的归因。同时，青少年也要对学习成绩形成正确的认知和态度。因此，青少年有必要树立以下一些观念：

·他人是评判自己能力的一面镜子；

·要学会与自己比较，看看自己比以前有没有进步；

·学习的能力是可以不断提高的，学习的方法是可以不断改进的；

·学习成绩是衡量自己学习情况的一个标准，但不是唯一标准；

·"谋事在人，成事在天"，只要自己全力以赴，就可以问心无愧。

总之，化解学习压力也需要对症下药，对不同的学习压力，采取不同的化解方法。

纾解学习压力的5个妙招

为了自己的健康、学习、生活品质都得到良好的发展，青少年必须学着将压力控制在可接受的程度。舒解压力的方法很多，下面介绍5种方法。

（1）保持幽默感

培养一点自我解嘲的能力可缓解所受的压力。有一位奥运会游泳冠军在一次比赛中失利了，对此他说了一句话："决赛前有人在看台上冲我大喊大叫，称我为.飞机先生.。然而很不幸，今晚飞机失事啦。"

（2）去运动

压力大时，要学会去运动场上寻求解脱。可以将足球、篮球当作发泄对象，当完全投入到运动的状态当中去的时候，身体就会处于一种无备状态，把心中的压抑和烦恼全部转换为动力发泄出来。

（3）找他人聊聊

压力大时，不要闷在心里。同他人谈谈自己所面临的问题，比自己一个人心里独自焦急有效得多。

（4）倾听自然界的声音

自然界最能使人心情放松的莫过于听水波声、海涛拍岸声、海鸥叫声……如无法亲临海边，可找一张收录这些美好声音的情境音乐磁带或CD，学习完以后，听一听，尽管处于闹市，却宛如身在海边。

（5）做做"白日梦"

适当地做一些白日梦，是一种相当有效的松弛心理和神经的方法。

对每日从事单调繁重的学习的青少年来说，能暂时从乏味的现实中游离出来，徜徉于白日梦境之中，使情绪能获得松弛，这有助于消除生活与学习上的紧张与疲劳。

学习疲劳是生理与心理疲劳的结合

青少年在学习中，由于各种原因使得精力消耗过大，体力出现透支，此时疲劳感就会油然而生。一旦疲劳得不到缓解消除，学习精力就无法集中，学习效率就会大大降低。克服学习疲劳，首先要找准原因，然后进行适当休息，劳逸结合，才能积极防止学习疲劳的出现，从而保证学习效率。

朱晓晓是一名高一的学生，虽然离高考还有两年多的时间，但是，学校和家里已经充满了准备高考的紧张气氛。学校中，老师经常考试；家庭里，父母每时每刻的督促。老师和父母期待的眼神，压得朱晓晓越来越喘不过气来。

由于学习任务越来越多，学习压力越来越大，朱晓晓经常学到深夜一两点钟。早上还要六点多就起床，然后赶到学校去，放学后就赶紧回家抓紧时间复习功课。不知不觉地，朱晓晓已经被疲劳感纠缠住了，他感觉内心里疲劳极了，多么希望能有机会去野外游玩一次。

其实，朱晓晓的疲劳感最初还是比较轻微的，休息一下多睡会儿觉，就能恢复了。但是，后来就没那么容易对付了，想睡觉放松一下，却睡不着。渐渐地，他发现自己尽管白天学习非常疲惫，但是夜间睡眠却不是十分好，经常有失眠的情况发生，早上也经常醒得很早。

父母给他买了一些补品，希望能以此帮助他调节一下身心的压力，也希望使他白天精力充沛。但是，这并不能解决问题。朱晓晓仍然处于疲惫不堪、委靡不振的状态之中。朱晓晓猜想自己每天学习的时间太长了，于是不再学得那么晚，提早休息，但是效果依然不太大，即使睡的时间很充足，可一起床仍觉得疲劳。

更令朱晓晓担心的不是自己现在的疲劳感，而是因为疲惫而导致学习效率下降，因此，面对繁多的学习任务和作业题，朱晓晓的学习压力就变得更大了。

目前，青少年中类似朱晓晓这样的因学习压力过大而导致学习疲劳的现象是比较普遍的。

有些青少年放学回家后，常常对父母诉苦说："太累了"，"累得一点儿也不想动弹了"。青少年所说的"累"是面对学习压力而产生的一种疲劳感。这种疲劳有两种类型：一种是属于生理疲劳，另一种则属于心理疲劳。

生理疲劳，主要是由于肌肉紧张过久或持续重复运动造成的，它往往有比较明显的外部特征，表现为感觉迟钝、肌肉麻木、眼球发疼发胀、腰酸背痛、动作失调、打瞌睡。

然而，心理疲劳并不是由身体能量消耗所引起的，而是由于所从事的学习活动不符合青少年的心理承受力，因而使青少年以一种消极的态度对待所致。它是人体验过大的学习压力而产生的一种心理疲倦感，它不仅会引起人的生理疲劳，而且还会导致青少年对学习的倦怠情绪。这种心理疲劳不像生理疲劳那样，并没有明显的外部表现，具有一定内隐性。

对于朱晓晓来讲，他的学习疲劳主要就是一种心理疲劳，同时也伴随有生理疲劳。导致他产生心理疲劳的心理压力主要来自于学校过重的学习负担和父母的过高期待。然而，朱晓晓对自己并没有过高的期望，他只是希望自己将来能考上大学就行了，面对激烈的竞争，面对繁重的学习任务，这些学习压力渐渐超过了他的心理承受能力，因此，朱晓晓进入了一种令自己非常困惑的疲劳状态之中。

| 温馨提示 |
WENXINTISHI

长期处于过大的学习压力之中，很容易使身体发育和心理发展并没有完全成熟的青少年产生学习疲劳，同时也导致学习效率下降。

青少年为什么会产生学习疲劳

心理学研究表明，青少年学习活动压力过大，会使大脑神经细胞处于强烈的兴奋状态。神经细胞的兴奋，不仅消耗了能量，也产生了废物。如果神经细胞长期处于兴奋状态之中，能量就会消耗过度而不能及时得到补充，废物产生过多而不能及时清除，于是神经细胞的兴奋程度就会降低，甚至失去正常的功能，学习疲劳就产生了。

具体来说，造成青少年学习疲劳的主要原因如下：

（1）学习压力过重

这里既有学校老师的原因，也有家长的原因。有些老师教学方法不合理，布置的家庭作业超量，搞"题海战术"，使青少年疲于应付。有些家长还特意给孩子增加课外学业任务，增加额外练习，或者在节假日给孩子报各种各样的辅导班。

（2）学习方法死板，缺乏良好的学习习惯

有些青少年学习只知道死记硬背，照猫画虎，没有积极开动脑筋。学习没有自己的方法，又不懂劳逸结合，经常学习时间过长，超过脑力限度。还有的青少年经常开夜车，效率非但不高，还消耗很多时间，造成睡眠不足，这样大脑就得不到充分的休息。

（3）缺乏学习兴趣

有的青少年不喜欢某门课程，也不愿意做作业，迫于外界压力，只好硬着头皮做，学习毫无兴趣和愉快可言。这种消极被动的学习，容易造成生理疲劳，更容易造成心理疲劳。

| 温馨提示 |
WENXINTISHI

如果青少年无视学习疲劳的警告，不注意休息，就容易使大脑皮层细胞因长期处于疲劳状态而受到损害，导致心理疲劳，使自己的身心受到极大的伤害。

搬掉偏科这一影响成才的"拦路虎"

　　偏科，是指学生在学习中偏重某一科或某几科的学习而忽略了其他学科，致使各科成绩不均衡。现如今，学校开设的科目众多，作为学生，青少年理应使各个学科均衡发展，相互协调。然而，偏科就像偏食一样，只选择自己爱吃的，非常不利于身体摄取全面的营养。多种营养合理搭配，身体才能达到一个健康平衡的系统的需要。因此，对于青少年来说，一定要积极防范偏科，努力纠正偏科。

不要让偏科成为你的致命弱点

一个青少年如果有了不擅长的学科，就如同一项工程中出现了小差错，千万不要抱什么侥幸心理，及早纠正是明智的选择。否则的话，因小失大，会使自己陷入到无法翻身的境地。

偏科对于一个青少年，尤其是立志上重点学校的高中生，是一个致命的弱点。有人讨论过是否不同的人对不同的技能天赋各不相同，但是幼时的兴趣决定了一个人是偏文还是偏理是事实。完全偏文科的多半是女生，她们对自己的发展都有明确的目标，所以是有意地偏文；偏理科的学生小学都对数学感兴趣而忽视了语文，从而在整个学习过程中一直受累。

像语文，很少有人能够在高中通过比别人下更多的工夫追上来，更何况极少有人能改变兴趣之所在，认真学习语文、英语，完全可以在高中培养出兴趣并学好它。对于高一的学生，英语水平虽然已经有很大的差距，但从考试的角度，由于阅读理解单词量要求不高，听力要求也不高，所以英语差一些的不要气馁。只要养成习惯，每天晚上都看一看所学的课文单词，经常听课文的听力磁带，并且尽量把课文背下来，就一定能长久地保持英语水平在优秀成绩之上。

也许有的青少年英语听、说、写俱佳，能力始终高出一筹，但是考试毕竟只是在一个小范围内，考试成绩并不能完全反映能力。不要因为困难就对某一科失去信心，把一切归咎于天赋等等。做一道题，别人做得又快又准，这不过是因为他过去练得比你多，只要你用功，达到考试要求，就可以了。没有人要求你最聪明，而是要你得最高分。

现在大学录取学生，看的是学生的综合成绩，即总分数。如果哪一科成绩考得不理想，都可能会导致你进入不了理想中的学校，甚至使你终生遗憾，正所谓你误了它一时，它可能就会误你一生一世。

调整心态，让偏科走开

就是学习成绩最好的青少年，也不可能每门功课都是第一。这不叫偏科。真正的偏科是指某几门科目掌握得很好，甚至在全班或全校都是名列前茅，但某几门科目却处于中下水平或更低。

由此可以看出，偏科首先是一个心态问题，有些青少年对某几门科目不感兴趣，用在上面的时间不多，而在那几门感兴趣的科目上肯下工夫，结果就出现了成绩不平均的现象。还有的青少年某个科目总是学不好，久而久之就对这个科目产生了恐惧心理和排斥心理，成绩也就越来越走下坡路。对于这些青少年来说，只有先解决了心理方面的问题，才能着手解决偏科问题。

那么，在克服了偏科的认识问题之后，应如何纠正呢？

（1）时间上从短到长

凡是不擅长的学科，大都是不感兴趣的。因此，如果一开始你便在差的科目上投入大量时间，必然会倍增烦躁与厌倦。正确的方法是按照学习目的制定出一份时间表来。比如你今天只复习某一科的某一小节，时间不超过半小时，在这半小时里踏踏实实地把这一小节搞定了，就改学别的科目。时间一长，对差科的学习兴趣就会逐渐培养起来了。还可以将差的科目夹在强的科目中学，时间同样不要太长，以避免枯燥无味的学习。

（2）做题从简单的入手

对于自己不擅长的科目，不要一上去就选那些太难的习题做。从简单一些的习题入手，牢牢掌握课本上最基础的知识，在确保自己对简单的题目已完全掌握后，再适当提高题目难度。

（3）找出差中之差

即使是对于差的学科，你也并不是所有问题都一无所知，有些问题还是略知一二的，真正拖累你的是这个科目中某一点或两点。如果你能把这个差中之差找出来，来一个强化或突击性的训练，就可以在短时间里有一个较大的提高。到了那时候你会发现，原来你的差科并不那么差呀！

（4）自我摸底

在经过了一段时间的努力后，你觉得对差的科目仍然心里没底，不知学得如何，这时候你可以找一份试卷来，像真正考试那样做一遍，做完后对着答案自己打分，这就像彩排一样，如果彩排的效果很好，正式演出也不会差。如果效果仍不理想，也要找出自己进步的地方，以增加自己的自信。

┃温馨提示┃
WENXINTISHI

对不擅长的学科，学习起来觉得没劲，主要是由于缺少兴趣所致。对一门学科没有兴趣，即使真心想学好它，往往也很难办到。想学好，偏偏学不好，然后学得越来越差，这样就会陷入到一个恶循环的怪圈里。

直面弱项，将弱科转化为强科

让弱科变为强科的方法就是逼着自己在该课程上尽量多地投入时间。比如语文较差，就应该把语文学习放在首位，在原来的基础上，让语文学习时间每天增加半个至一个小时，这样几个月下来，语文的水平必然会有所提高。

对弱科复习的重点应该放在基础知识方面，千万不要去尝试难题。因为，一则难题的解决需要对课本知识掌握得熟练并有相当强的思维能力，因此去尝试难题常会失败；二则经常性地尝试难题失败后会失去对该课程的学习兴趣，而这个学习兴趣是慢慢地培养出来的，因而十分宝贵。对考试，只要希望能稳拿基础题分，尽量争取中档题分就行了，高难度题要坚决放弃。

时间不充裕时，此时不管弱科出现的原因是内因还是外因，如果弱科是侧重点在思维上的数学或物理，就把时间投放在这两科的基础知识、基础题上；如果弱科是侧重点在记忆上的语文、英语、历史、政治或化学等课程，则把时间投放在记忆部分上，因为这样才能尽可能地增加总分。

此外，在复习时，还要协调强科与弱科的关系。这可以从两个方面入手。

（1）调整学习时间

一般来说，可在强科上少花一点儿时间，而在弱科上多花一点儿时间，但一定要保证强科有一定的时间。强科可分为长期优势的强科与短期优势的强科。长期优势的强科是长期以来形成的，它意味着你这一科基础很扎实，这时花较少的时间也不意味着学习内容的减少；而短期优势的强科是短期内发展出来的，此时，这一学科的优势还不稳定，基础还不扎实，这时最好在该科上适当多花些时间，以便把优势巩固起来。

显然，调和强科与弱科上的时间分配矛盾并不是一件容易的事。强科上的学习时间不能减少，弱科上的学习时间一定要增加，这就必然表现出时间分配上的矛盾。在这种情况下，最好的办法是增加学习的时间总量，但如果时间利用已到极大值，则学习的时间总量就不能增加了，此时，要保证短期优势科的学习时间，适当减少长期优势科的学习时间，多增加弱科的复习时间。

在时间总量不能增加的情况下，在弱科的复习上可以引进优势学科的学习方法。这是向方法要时间的办法。一般地讲，我们在优势科目上花的时间较多，往往形成一套行之有效的学习方法，而弱势科目由于时间花得少，正确的方法往往还没有形成，而各门功课的方法有某些共性（当然不完全等同），特别是性质相近的科目更是如此，这样我们就可以把优势科目上的经验方法应用到弱势科目上去，比如，将学习物理的方法引入到学习数学上，把学习历史的方法引入到学习政治上。

（2）客观看待弱科的成绩和老师

如果是因为几次考试成绩不理想就认为"这门课太难了，看来我是学不好了"，那么，就应该在心里对自己说："不！我一定要学好这门功课，我要让老师因为我回答问题正确而表扬我，让同学因为我考试成绩好而羡慕我。"除了为自己加油以外，还应该回到这门功课最开始的地方，从最基础最容易的部分学起，一点儿一点儿地向前推进，不要急于求成。学习一点儿，巩固一点儿，不断地增加学习信心。等有一天发现你也能听懂老师上课的内容时，你就再也不会感到自卑了，你会真正意识到："我也能学好这门课。"

如果是因为某一科目的老师批评过自己，就认为老师不喜欢自己，从而也开始不喜欢这位老师所教的科目，那么，你就应该仔细想一想，自己到底有哪些缺点？老师批评得对不对？如果批评得对的话，就不应该因为老师批评自己，而不喜欢这位老师所教的那门课。如果老师批评得不对，对你确实有些误会的话，你应主动向老师解释说明。即使个别老师确是有意刁难你，你也应该认识到，你不能因为某一位老师的原因而不喜欢甚至不学习这位老师所教的科目，这种自暴自弃的做法，是非常不明智的。

（3）不可小视强科中的薄弱环节

一个人擅长一门学科，并不是说他对这一学科全知，他只是达到熟练和精的程度，但还存在着许多薄弱的环节，所以要想征服某一学科，必须要把自己在这一学科中的薄弱环节全部找出来，做重点式的加强训练。

还有一种人，他擅长某一学科，却并不知道自己的薄弱环节在哪里，他们会自我感觉良好，觉得老师讲的内容自己好像都会了，可就是在考试的时候找不到感觉。这些人的感觉可能是出了错，他们觉得会的内容，并不是真正的会，事实上，他们可能什么都不会。对于这样的人，最好的办法就是抓这一学科中最基本的知识内容，从头到尾重新复习一遍，然后再做练习以加强能力。

有时一门课程虽然是强科，但模拟考成绩总是不十分稳定。不十分稳定的原因是该课程中存在着一些薄弱环节。当模拟考中没有薄弱环节的考题时，考试成绩是理想的；当模拟考时出现了这些薄弱环节的考题时，考试成绩就不太理想。于是这些薄弱环节就成了青少年成绩始终保持优势的瓶颈障碍，有时它会成为高考时的一个心理影响因素。比如，在高考时，一拿到试卷，发现某题正是自己不擅长的薄弱环节题目时，心里就不禁慌张起来，从而影响整个学科的分数。

当然，相对于弱科强化来说，弱环节强化要容易得多，因为它的容量要少得多，但也要做相当数量的习题，进行相当长时间的努力才能办到。比如高中数学中的立体几何是你的弱环节，则你要遵循从概念到公理到定理的顺序进行理解，也要遵循从基础题到中档题到高档题的顺序进行解题，这样你才能稳步地将弱环节转化为强环节。

| 温馨提示 |
WENXINTISHI

我们不仅要重视弱科强化的问题，还要重视弱环节强化的问题。我们说，在优势不太稳定的强科上要保证一定的学习时间，主要就是指这个意思，这些时间将主要放在弱环节的强化上。

用优势学科带动弱势学科

利用优势学科，发挥其优势特长，带动弱势学科，是一种不错的补足学科弱项的好方法。

请看下面一例。

欧阳觅剑同学，2009年以湖南省文科高考第六名的成绩，考取了中国人民大学。他在总结自己的高三学习经验时，特别提到的一点就是他对自己优势和劣势学科的分析，和调整的"学习战略"。他说："我进入高三，思考的第一个问题就是：分析我的优势学科和劣势学科，争取在优势学科上要拿高分，而劣势学科则要保证不要拖考试的后腿。因此，我评估了自己的实力：数学是我的优势学科，政治、历史也可以努力一下成为优势学科，而语文和英语跟班里一流水平的同学相比还有些差距，是劣势学科。针对于此，我采取了一些措施，把英语的学习放在了首位，时间占总学习时间的1／3，语文学习时间每天增加半小时，数学学习时间不变，在尽快做完作业之后，看一些方法性强的题目。而历史、政治高三刚开学时，大家都不太看，而我却抓紧时间看一些题目和课外书。这样到高三上学期期中考试，结果和我预想差不多。数学和历史我是最高分，并且拉别人20多分，语文、英语虽不是最高分，但与别人的差距也缩小到了10分之内。到高考之前，我的语文、英语已经在前五名了，而历史、政治则一直是最高分，数学也一直没下滑。"

谁都有优势学科和弱势学科，但是未必所有的同学都能根据自己的学科形势来确定自己的学习战略。因此，在这一点上，我们还是有必要加以重视的。

（1）发挥优势学科的重要意义

也许大家都知道这样两个成语"扬长避短"、"取长补短"，其实在对待我们自己的学习上，这两个成语未尝不是有效的学习策略。学习中每个同学如何分析自己的优势、确定自己的优势、发挥自己的优势，甚至把自己的劣势转化为自己的优势，这对我们的学习走向成功也具有非常重要的意义。

优势学科、劣势学科，一般都是和班里的平均成绩或同年级的平均成绩相比较而言的，如果你某门学科的成绩比其他同学的平均成绩高出很多，那这门学科就是你的优势学科，相反则是劣势学科。对于大多数中学生同学来说，由于每个人在各科上所花的时间都不一样，各科的基础不一样等等原因，因此可能都有一个优势学科、劣势学科的问题，很少有人每一门学科都非常优秀。

但是学习是一个整体实力的较量，有优势学科固然可喜，但是如果劣势学科太"劣"也实在是一个"心头大患"、"学习的大忌"。高考时也许因为你的一门劣势学科而导致前途尽失。古人云："知己知彼，百战不殆"，每个同学在自己的学习中都应该对自己在各门学科上的优势和劣势有一个深入细致的分析，做到心中有数，充分发挥自己的优势，这对自己的学习非常有好处。

① 认识自我，分析自我优势。很明显要想发挥自己的优势，第一步必须分析自己的优劣势学科，而这一分析过程本身就对自己今后一段学习战略的制定起着关键的作用。这种分析可以使你对自己的学习现状有一个全局认识，优势在哪里？劣势在哪里？今后努力的方向在哪里？需要重点下劲的地方在哪里？非常清楚，非常明确。努力的方向明确了，你学习的迫切心情也被激发出来了，这样一来，你上课的效率、时间的利用效率也会提高上来。很多情况下，有些青少年对自己的优劣势学科也是知道的，自己哪门学科不好，哪门学科还可以，但是他们不做具体分析，也不做有针对性的改善提高计划，以前怎么学，现在还是怎么学，这样就很难发挥出自己的优势学科在自己学习成绩整体提高

中的作用。

② 激发学习兴趣，培养良好心态。提高自己的学习自信心，能够激发学习的兴趣，形成良好的学习心态。苏晓磊同学，2002年高考上海市理科特优者，他在这方面就有这样的体会，他说："优势学科，可以使你在与别人的竞争中赢得心理上的优势：我有了与众不同之处，我有一技之长，从而增加在所有科目学习中的自信心。这一点在某种程度上有时比单纯的知识更重要。"的确如此，看到自己的优势学科，会意识到自己有强于别人的地方，在学习的竞争中有获胜的可能。这样就会在学习中激发出自己学习的潜能，形成良好的学习心态。

| 温馨提示 |
WENXINTISHI

对自己优势学科有清楚认识的青少年会在学习、考试中保持一种"我能行"的气势，这种气势可以使他们在考试中能够正常发挥，甚至超常发挥。

而在面对自己的劣势学科的时候，也不会灰心，不会因一时的劣势而丧失了进取的信心，因为他们有理由相信自己的能力，他们会认为："我在其他学科上能行，这说明我并不比别人差，在劣势学科上，只要加倍努力，注意方法，一定会有提高的。"

③ 保持优势，改变劣势。认清了优势学科，以便能保持优势，改变劣势，实现学习成绩的整体提高。

（2）利用优势学科的策略

① 可以重新调整分配学习时间。在这一点上，案例中的欧阳觅剑同学可以说做得很到位。因此，我们每位同学，在确定了自己的优势学科之后，就可以调整自己的学习时间了，一般说来优势学科的学习上可以少花些时间，根据自己的实际情况，在课堂上提高学习的效率，课下尽量少花时间，而把挤出的时间花在劣势学科上，但要注意的一点就是，优势学科一定不要滑下来。

有时在学习的时间分配战略上，也不妨走一步"险招"以求得提高劣势学科向优势学科的转变速度。我们知道，自己的优势学科之所以是优势，可能是自己这门课的基础比较好，学习方法比较科学。因此，对于这样的学科，只要上课仔细听，作业认真做，即使课下不去花另外的时间学它，在一个较短的时间里也不会有下降的可能。

这样一来，你就可以在一个较短的时间里，拿出较多的时间突击劣势学科。但是要注意的是，此法不易时间太长，否则会影响优势学科。也要注意区分不同的优势学科，如果你的优势学科是刚形成的优势，基础还不牢固，这时就不能减少对它的学习时间了，而应该先加强巩固对它的学习，以形成真正的优势学科。

虽然优势学科可以在一定时间上少花些时间，但在有的情况下，优势学科达到一定程度后就再也不能减少时间了，而劣势学科还要增加学习的时间，这时就只得增加学习时间的总量，这样才能保证时间分配上的合理化。

② 将优势学科的经验迁移到劣势学科。许多学科的学习方法在一定程度上是相通的，尤其是文科的各门学科之间、理科的各门学科之间，这样就可把优势学科上的学习经验迁移运用到劣势学科的学习上，以提高自己的整体学习实力。

转换形象，改变对厌倦学科的态度

所谓形象转换法就是当消极的心理图像浮现时，能够自动触发一种积极的心理图像出现，从而清除掉消极的心理图像，建立起积极的心理图像。具体到学习中，也就是在对某一科目感到有厌倦情绪时，就想办法把这一门功课与自己感兴趣的事联系起来，并把它想象成有意义的事。这样就会提高对该科目的学习兴趣。

运用形象转换法，首先要进行身心放松，然后在此基础上进行如下步骤的训练。

（1）形象转换训练的步骤

① 确定你打算改掉的消极行为。你在大脑中对这种行为进行想象，在脑内浮现出鲜明的心理图像，好像这种行为正在进行。如你想改掉不喜欢学历史的倾向，你就先浮现出看历史书或上历史课的心理图像。

② 在脑中浮现一种你喜欢的心理图像。如你喜欢学语文的心理图像，你想象学习语文是那么津津有味，充满兴趣。语文给你带来好成绩，使你自信、自尊，满怀人生希望。一幅幅鲜明的心理图像又大又近，生动具体，从而产生出一种愉快的心理状态。

③ 把这两种图像连环起来。迅速将两种图像连环起来，使消极的心理图像自动触发积极的心理图像，经过练习，使消极的图像紧紧勾住积极的图像，在两者之间形成一个牢固的触发器。只要消极图像出现，就立即勾出积极的图像，从而使消极图像被积极图像所代替。在脑内消除了消极图像的位置，消极的行为也被清除掉。

以改变不喜欢学历史为例，将三步骤连起来训练。首先要使身心放松。在你脑中出现学习历史的心理图像，那图像清晰鲜明。接着出现学习语文的心理图像，图像迅速变大，变得明亮、清晰，学语文是那么津津有味，充满乐趣，充满愉悦感，满怀自信、自尊，让人神往。接着将两种图像联系在一起，学习历史也就像学语文那样，有味，有趣，满怀自信、自尊，现在出现在脑内的心理图像是学习历史有兴趣、有意思的图像，这个图像又大又明亮、色彩斑斓，正是你所希望的图像，原来那个学习历史没意思的心理图像就变得支离破碎了。

心理训练后马上就去学习历史，满怀兴趣，充满愉快体验，集中注意力，讲究学习方法，把历史课的知识牢固系统地掌握，就是说心理训练与实际学习活动紧密结合。

| 温馨提示 |
WENXINTISHI

利用心理训练产生的良好心理状态去提高学习效率、提高学习成绩，进而通过学习的成功，巩固积极的学习行为。这是青少年学生不容忽视的方法。

（2）形象转换训练的注意事项

形象转换训练需要注意以下几点：

① 形象转换要快速和反复。当消极图像出现后迅速出现积极图像，进而用积极图像快速占据大脑，消除掉消极图像。所谓反复是说反复训练，是将三个步骤的训练完成后，你马上再闭上眼，把这种连环过程再做一遍，看看不愿意学历史的那个图像改变得程度如何，如此尽快地训练五六遍，直到消极图像能自动触发积极图像和积极的心理状态，并被取而代之。

② 坚持长期训练。以学历史为例，每当上历史课、做历史作业或复习时，都先做改变学历史没兴趣的转换训练，使心理状态处于积极状态时再开始历史学习。直至对学历史确实充满兴趣，学习效果和学习成绩优良而且稳定时，方可结束训练。

③ 心理训练与实际学习活动紧密结合。不可训练一套，做的是另外一套。

④ 加强改变消极的愿望。要使不喜欢的学科变成有兴趣的学科，乐意进行自我训练。勉强进行心理训练，不渴望改变自己，缺乏主动性，敷衍塞责，是不会有什么效果的。

⑤ 选择有吸引力的新形象。在第二步训练中所选择的有兴趣的学科必须令人兴奋，有较强的吸引力，它能引导着想象从对某学科不愉快、消极的图像中游离出来，向着有兴趣的学科方面转移，由有兴趣学科的愉快图像所代替。

对症下药，有效纠正不同类型的偏科

在一些青少年的心目中，常常存在着这样的想法，哪些科目是我所喜欢的，哪些科目是我所不喜欢的。通常，对于自己喜欢的科目，能够认真听讲，按时完成作业。积极回答老师提出的问题；而对于不喜欢的科目，则学习热情不高，对课堂的讨论也显得很不热心。这种想法和做法都是错误的，必须加以改变。

不同青少年依据其性格特点，其偏科表现也有所不同，对待不同的青少年，我们可以采取相应的办法。

（1）急于求成型偏科

有很多青少年在对待不擅长学科时，总是急于求成，经常给自己定下一个目标，要在多长时间内攻克难关。有这样的计划固然是不错的，但这样的青少年，往往是心急求快，结果欲速则不达，最后弄得自己对这一学科越学越糊涂，越来越缺少兴趣和信心。

把一门不擅长的学科变得擅长或是比较擅长，这绝对不是短时间就可以完成的事情。因为不擅长，你在先前对这一学科的知识肯定有很多欠缺，导致学科不擅长的原因很大程度上是缺少对它的兴趣。既要培养兴趣，又要补充过去的不足，这都需要一点一点慢慢来，所以要想改变自己的现状，使各科成绩都优秀，必须要沉得住气，有耐性。

（2）虎头蛇尾型偏科

前两天还发奋用功读书，可坚持不了几天，就中途放弃了；作业一开始做得还正确、整齐，可不是越来越好，而是越来越差劲儿。学习讲究善始善终，始终如一，如果半途而废，好的开始及前一段过程中所付出的努力全部付诸东流，岂不可惜？

这样的青少年学习成绩不好，并不是他智力上的问题，相反这样的青少年智力都不差，他们最根本的原因就是缺少耐性、恒心和毅力。他们惯于三天打鱼，两天晒网，自然不能学好。

| 温馨提示 |
WENXINTISHI

对待各学科，尤其是自己不擅长的学科，青少年们应该做到像马拉松长跑运动员那样，以坚强的意志坚持着跑到终点。

（3）经常变化不定偏科

有很多青少年为了改变自己目前的现状，征服不擅长的学科，会很积极地寻找一个最好的办法，而这最好办法的得来，无非是通过不断地试验，才能最后定夺。今天用用这种方法，感觉不好，明天用用那种方法，还是不怎么样。就这样不断地改变着学习方法，不仅浪费了许多时间，同时也可能浪费了许多机会。

要想征服不擅长的学科，其实并没有什么特别深奥的秘诀，与其忙于探寻合适的方法，不如专心于一种较平凡的普通的方法。普通的方法一般适合很多人。一选下了，就始终坚持着，相信会有不错的收效，如果想更好的学习，可以在不擅长的学科得到改善以后，再去寻找一种更好、更有效的方法。

（4）缺少行动型偏科

"有志之人立长志"，"无志之人常立志"，有很多青少年经常是这样：他们总会在今天晚上说，明天我要做什么什么，可第二天他们却什么也没有做。这样的人不断地给自己定下目标，但却迟迟不见行动。对不擅长的学科他们也是如此，想征服，但却没有去征服；定下目标，但却不能去实现目标；即使是有所行动，也是三分钟的热情，不能坚持下去。

要使这样的人得到改变，最关键的就是让他们马上行动起来。

万事开头难，这个道理我们大家都懂，但只要把头开了，以后的事情就会相对好办一些，断然采取行动，养成良好的习惯，这样才能使自己及自己的处境得到改变。

（5）自暴自弃型的偏科

"我的逻辑思维能力太差了，学不了数学"，"我的语言表达能力不行，也学不了语文"……

左一个理由，右一个理由，给自己下个"反正我学什么也学不好，努力也没有用"的结论，这样在无形中，就会给自己起到一个暗示的作用，并由潜意识里产生一种抵触情绪。

这样的人自暴自弃，对自己没有信心，即使掌握了好的学习方法，也不一定能够取得好的成绩。他们若想获得改变，首先要做的就是战胜自己，树立坚强的自信心，要知道每一个人都不是天生做什么都行的。行与不行，只有你通过努力，积极地投入，真正地去做了以后才知道。

一个学生整个学习的过程，就是一项大计划完成的过程，而其中不擅长的学科，就是计划中出错的那一个小环节。如果对这个小环节采取置之不理的态度，到最后很可能会功亏一篑。如果只是很随便地采取一些并不能真正而又实际地解决问题的办法，最后的结果也不会太尽如人意。所以最好的选择还是彻底地解决问题，不让它留有一点隐患。

对不擅长的学科的学习方法，要进行全面而深刻的反省与检查，然后找出不合理的部分进行改正，采取正确而又实用的策略，这样才会有希望前进。

以积极的心态应对考试

只有准备好，才能考试好，考前准备的好坏决定考试的成败。所以，青少年要认真做好知识技能方面的准备，把考试作为对所学知识进行系统总结和复习的一次机会。熟悉考场环境，掌握考试须知，做好物质准备；具有充足的信心和顽强的意志，保持最佳心理状态和充沛而稳定的情感是考取优良成绩的力量源泉之一。

青少年学生一定要通过各种方法，掌握考试成功的诀窍，夺取学业中一个又一个考试的胜利！

做好临考准备，硬仗在即心不慌

在应试环境里，仅有平时的优良学习是不够的，还要能够适应大大小小的一关又一关的考试。就是说不但要会学习，而且要会考试。青少年们不仅要做一名学习的强者，而且还要做一名考试竞技场上的赢家。

面临考试，青少年应该做好哪些准备呢？应注意以下几点：

（1）审时度势，通盘计划

首先，要清楚自己面临的是什么样的考试。是效果考试，还是资格考试？前者是摸底，为下面的学习打基础。后者则是重要的影响到前途、命运的考试。我们这里指的是后者。

其次，要清楚还有多长时间要考试。根据时间长短，安排时间复习，从总体复习阶段到强化复习阶段，再到重点复习阶段。

最后，要根据什么范围的考试，制订全面复习计划。由教师指导进行的复习，不能全由教师安排（教师不可能满足每个个体的需求），自己需要争取主动。长期计划与短期计划协调一致。

（2）不要给自己施加压力

考试本身就有一定的紧张度，再想到老师和家长的期望，想到自己的社会责任，青少年便会产生很大的精神压力。这时，重要的是不要再给自己施加压力了，因为在难以承受的压力下是不可能考出好成绩的。要善于在临考前给自己减轻压力。

关于如何减轻考试压力的问题，将在下文有较为详细的介绍。

（3）考试前要休息好

考试期间，脑力劳动的负担是很重的，因此，在考前和考试期间一定要休息好，注意用脑卫生。

① 临考前要减轻学习负担。这时应主要看看自己整理出来的复习笔记，加工整理后的习题、试卷，目的是熟悉一下学习过的知识，起到考前的"热身"作用。临考前，决不要再去开辟"新战场"，不要再做什么难题。有的青少年临考前抓了一两个难题，可"面"上的东西却全丢掉了，结果导致考试的失败。

② 要保证充足的睡眠。在整个复习期间一定不要开夜车或开早车，如果平时睡眠不足，生活规律混乱，那么在考试之前一定要调整过来。如果不调整过来，就是想早睡也睡不着。有了充足的睡眠，在考场上才会有清醒的头脑，才会有良好的思维效果。开了夜车的青少年在考试后回忆说："过去明明会的公式、定义，怎么也想不起来了，看着题目发呆，脑子发木，头脑不清醒，再也兴奋不起来，考试前开夜车真吃亏。"考试特别需要用脑，而考试前却不让大脑休息，这怎么行呢？有多少平时在学习上占绝对优势的青少年，因为在考试前开了夜车，一下子使自己的优势变成为劣势。开夜车的青少年不能说学习不努力，但这种努力违背了用脑的科学。

考前睡眠时间太长，会因为睡不着或早醒而带来新的烦恼和问题；考试前玩得太累，也会因为过度疲劳而影响考试成绩。所以，考试前过劳或过逸都不好。

为了考试期间能安心睡眠，准备闹钟或请人叫一下也是必要的。起床时间离考试时间不要太近，起床以后活动活动，让头脑有个从抑制到兴奋的转化过程，刚睡醒就赶到考场，大脑兴奋度较低，对考试往往也不利。

③ 要适当进行文体活动。临考前，由于高度紧张，不仅需要充分休息，而且需要开展适当的文体活动。有时，躺下来休息一会儿，闭目养神，到室外散步，仍然难以将开动的脑子停止"转动"，头脑中仍然摆脱不掉对学习问题的思考，怎么办呢？最好的办法是进行文体活动，如打打球，弹弹琴，吹吹笛子，听听音

乐。一个青少年在打球、弹琴、吹笛子时，总不能再考虑什么学习问题了吧，这样可以使大脑得到积极的休息。至于那些仍然需要动脑筋思考的活动，如下棋等，临考前还是不搞为好。

当然，以上几点也要掌握得适当，不要走极端。

┃温馨提示┃
WENXINTISHI

考试不打无准备之"仗"。只有考前准备充分，才能满怀信心地走向考场，去赢得竞争的胜利。

（4）要带齐考试用品

考试期间，由于紧张，经常出现丢三落四的情况。有的青少年到了上车的时候，才想起忘带月票；有的青少年进了考场，才想起忘带钢笔、三角板、圆规；至于重大考试，忘带准考证的现象也是屡屡出现。这样的事情一旦发生，便会加剧青少年的紧张心理，并且会直接影响考试的效果。为了避免上述情况的出现，可以把明天上考场要带的用具写在一张卡片上，去考场前逐项检查一下，以保万无一失。

（5）要保证身体健康

由于考试期间体力消耗大，精神紧张，因而人体抵抗力下降，容易生病。因病缺考，或带病参加考试，对于获得好的成绩都是不利的。考试期间要吃饱吃好，不要凑合，不要饿着肚子进考场，也不要进考场前饮用过多的饮料。注意根据冷暖变化而增减衣服，还要注意减少不必要的活动，以保证健康和安全。这些，在升学或就业的重大考试时，尤其重要。

（6）熟悉考情，成竹在胸

摸清考场环境，自己去现场看一看、坐一坐，"东张西望"一番，在心理上取得主动。

大体掌握考试方向、内容等有关情况。

可能的话了解一下考官情况，或大致了解轮廓，心里也会踏实些。

依据最后考试时间，安排最后的复习时间和强度。

（7）提前入场，舒缓紧张

提前到达考场，稳定心理、情绪，熟悉考场环境。对周围环境和人文环境的提前熟悉，会使同学们更加从容和坦然自如，避免因为赶时间，一下子面对许多陌生人造成心理压力和紧张而陷入混乱。应尽量避免考前一刻钟之内还在"临时抱佛脚"。其实对于大考来说，考的是相当长的一段时间的知识，绝不是十几分钟可以应付得了的内容，就是说此时大局已定，平时学好的青少年会镇定自若地面对现实和面对考试。

分析怯场原因，锻炼应考素质

什么叫怯场呢？心理学上把因临场情绪激动而造成回忆、思考发生障碍的心理现象称为怯场。

一般的怯场表现为临场情绪紧张、面红耳赤、心慌、出汗以及回忆和思考出现不同程度的困难。严重的怯场也叫晕场，会大大影响考试，甚至中断考试。

一般来说，怯场的原因大致有以下几个：

首先，怯场往往与学习基础较差、学习信心不足有关。由于对考试的成功期望过高，或者极怕出现由于失败而产生的不良后果，心理上承受着巨大的压力，神经系统对刺激的耐受力差，尤其是那些娇生惯养、顺利惯了的学生，那些在考前开夜车、过度劳累的学生，往往神经系统更加脆弱，经受不起强烈的刺激。

其次，考场上出现了意外情况，而对这些意外毫无思想准备。例如，突然发现看错了题，少做了题；检查时发现了不少差错；身体出现了点毛病；因迟到耽误了考试时间等，这些意外都会成为恶性刺激。

最后，这些刺激都通过对考试成败的夸大认识而起着恶性循环的作用，使紧张情绪愈演愈烈，直到出现怯场现象。

就上述原因看，应该采取一些积极的措施，调整心态，预防怯场，此外，还要注意以下几点：

·要正确认识考试的意义，尤其是在考场上不要去想考试成败会带来什么结果，要把主要精力放在解题的积极行动上。

·拿到卷子后，把答题前应做的事做好。把要求的格式看清楚。大致分配一下时间，要有做大题和写作文的工夫，最好富余一点。

·答题最好先易后难，会做的先做出来，这样可以增加喜悦和信心。书写要工整，不能龙飞凤舞。改卷老师不认识你的字，答得再好也白费，到头来吃亏的是自己。

·注意审题。问什么，答什么；要求什么，写什么。有的人都做一大半了，才发现文不对题，这个时间是赔不起的，后面的题做不完干着急。

·防止慌乱。心浮起来，这道题写两笔，那道题做两步，都没做出答案来。考前要估计好自己的水平，如果平时成绩较差，就以做基础题为主，成绩中等的以基础题和中等或中等偏上一点的题为主，成绩好的要计算好时间，把题答完、答好，万不可前松后紧，贻误时机。

·遇到意外情况要积极补救。遇到难题不要急躁，而要冷静、沉着地对待。有的人遇到难题做不出来，心里就想："我做不出来，别人大概也做不出来。""这道题做不出来，努力把别的题做出来。""这门没考好，争取把下几门考好。""这次考试，就作为一次考试的练习吧！"这样一想，就会冷静得多，题目反倒做出来了。

·如果有怯场感，可以立刻去做比较容易的题目，这样做还调整不了情绪时，可以伏在课桌上休息一会儿，此时千万不要想考试的事，直到心情平静下来为止。

·广开思路，认真思考，会多少，都要答上，不可轻易放弃，有的同学最后几分钟还能想出一道题来。

·注意检查，马虎不得。好不容易想出的题，一高兴，疏忽了，最后一步的数算错了，这种情况千万不要出现，否则太可惜。

·考完试以后不要对答案，以免影响下一科的考试情绪。如果老师、家长或同学主动来问，尽量婉言避开这个问题。考完一科后，要立刻把注意力转移到下一科考试的准备工作上去，不要让过去的失败纠缠自己。这是一种积极的做法。

需要强调指出的是，不要把考试时必要的紧张也看成是怯场。考试时有点紧张，对调动人体的潜力，集中注意力，提高思维的效率是有一定好处的。平常说的"急中生智"就是这个道理。这种紧张只要没有影响到自己的回忆和思考，就不能叫怯场。

从怯场问题也可以看出，考试不仅要考青少年的知识和能力水平，还要考每个青少年的思想水平和意志品质。平时不注意这方面的锻炼，难免酿成怯场的悲剧。

端正考试态度，缓解考试压力

面对各种各样的考试，难免会有不小的心理压力。如何缓解心理压力，又成了青少年面前的一道必答题。

考生A："一到考试的时候，学校和家里的气氛就让人喘不过气来。尤其是最近，爸爸妈妈几乎放弃了正常的生活，一切为了我，不但电视机不开了，就连说话和走路都小心翼翼，唯恐弄出半点声响来，影响到我的学习，生活上更是无微不至。父母的这些举动，既让我感动，又让我害怕。害怕自己考试不成功，会辜负了他们。"

考生B："我实在受不了我爸我妈没完没了的唠叨，说什么我将来要是考不上大学别人要笑话他们，更不能光宗耀祖了。我考大学是对自己能力的检验，是体现我个人价值的一种方法和途径，跟光宗耀祖有什么关系？他们越是这样说，我就越烦！"

考生C："我爸说了，只要我能考个好大学，他就给我买最高级的笔记本电脑，就凭这，我也得好好考。"

"一切为了孩子"，这是家长们的共同心理，为了孩子的学习，家长可谓煞费苦心：把条件最好的卧室给孩子住，给孩子做各种各样好吃的，更有甚者为了孩子有个安静的学习环境而在街头溜达一晚上。但家长或许并不知道，在做这些他们引以为豪的事情的时候，孩子已经承受着巨大的心理压力，尤其是考试前，孩子唯恐自己的成绩达不到父母的期望，唯恐考试失败。

| 温馨提示 |
WENXINTISHI

家长的某些不当行为，造成了青少年心理压力过重，想的事情过多，从而影响了青少年在考试中的正常发挥。

那么，如何帮助青少年缓解考试压力呢？

（1）端正对考试的态度

要明白考试只是对以前学习效果的一个检验，也是对已有知识的巩固。它既不是判断一个人聪明与否的标准，更不是评价一个人成功与否的尺度。所以，没有必要把考试看得过分重要，但也不要毫不重视。

（2）抱有恰当的期望值，树立正确适当的目标

在考试前要学会分析一下自己的实力如何，哪些是自己的长项，哪些是弱项，要清楚地知道按照自己的正常水平可以达到什么样的成绩，不要为自己设定过高的目标。

（3）要有良好的身体准备

考前的身体状况是十分重要的，若身体状况不好，没有清醒的头脑，成绩自然不会理想。即使在复习迎考阶段也不要"开夜车"，每天必须保证充足的睡眠时间（青少年这个年龄一般要达到7—9个小时）。除了保证睡眠时间外，还要有足够的营养补充，调节饮食。

（4）做好复习工作，充分准备知识

在考试之前，一定要做好全面而充分的复习准备工作，不能存在侥幸心理，对那些看似不重要的问题也不能轻易放过，全面复习做到心中有底是保证考试时心情稳定的前提。

（5）临考前，要想好万一考不好的"对策"

期中考试前要想，万一考不好，后半学期再努力，争取期末考好；期末考试前要想，万一考不好，假期抓紧补习，争取下学期追上去；中考前要想，万一考不好，明年再考或者在工作中走自学成才的道路。这么向前看，既有了考不好的思想准备，又有了最积极的对策和出路，精神压力就会小得多。

自我调解情绪，克制考前焦虑心理

在现今的学校中，考试频繁，小考、大考不断，可以说，每一个青少年都是久经考场的老将。尽管如此，仍会有不少青少年

一到考试前就焦虑不安，从而影响了考试成绩。

考试焦虑的表现各种各样，因人而异。有的青少年表现为考试前不想吃东西，食欲不好，胃不舒服；有的青少年表现为考试前头痛，头脑晕晕乎乎；有的青少年表现为考试前睡不好觉；有的青少年表现为答题时手在哆嗦，双腿打战；有的青少年表现为考试时浑身大汗；有的青少年表现为考试前或考试中心跳加快；有的青少年表现为考试前坐立不安；有的青少年表现为考试前提不起精神来；有的青少年表现为考试前总想考不好怎么办；有的青少年表现为一听说考试就想起过去考试失败的情景；有的青少年表现为考试前记忆力下降，思维迟钝。

考试特别是期中考试、期末考试、中考、高考，是学习生活中的大事，在某种程度上关系着青少年们的前途。青少年们对考试产生的一些紧张反应是不可避免的。

据心理学家的研究，青少年们在考试产生中等强度的焦虑是有益处的。它能调动青少年们的注意力、记忆力、思维能力；能充分调动与发挥青少年们的智力效应；能锻炼青少年们克服困难的精神。

一个青少年如果对考试抱着无所谓的态度，疲疲踏踏，懒懒散散，就无法充分调动注意力、记忆力与思维能力。不进行充分的应试准备，是难以考得好的。

高度考试焦虑对身心健康、对智力效应、对考试成绩都有负面的影响。那么，如何防止高度的考试焦虑呢？

（1）正确对待别人的评价

有的青少年考试前和考试中总在想考不好同学将怎样看待我，亲朋好友将怎样议论我，因而引发或加重考试焦虑。

考试是自己的事情，自己尽量考好，就尽了自己的职责。自己只要尽心尽力去做就该心安理得。不能被别人的议论而左右自己的情绪。谁都希望考得好，被别人的议论所左右反而考不好。因此，不要去想别人的议论，不要去理睬别人的议论。

别人的议论有些也是不正确的，何必去受它的影响呢！别人一句不负责任的话，使你丢了几分多么不值得啊！

（2）正确对待自己的水平

自己的学业成绩、自己的学习实力自己是最了解的。自己的考试成绩与自己的学习实力相符合，就应该对考试结果持有较满意的态度。

有些青少年产生考试高度焦虑的一个重要原因是脱离自己的学习实力的情况，盲目与学习实力强的同学去攀比，由于学习实力达不到，必然会产生紧张、烦躁的情绪。因此，正确对待自己的学习实力，适当地要求自己的考试成绩是防范考试焦虑的对策。

（3）提高心理健康水平

考试焦虑与心理健康是密切相关的。心理健康水平低或存在心理健康失调的人，适应能力差，应激能力差，控制情绪能力差，因此对考试容易产生焦虑。提高心理健康水平是防范与降低高度考试焦虑的一条根本途径。

｜温馨提示｜
WENXINTISHI

青少年学生要学会自我调节情绪的心理方法，经常运用有关方法对考试焦虑进行预防，这是很有必要的。

合理分配时间，掌握考场答卷技巧

有的青少年一进考场，拿到考卷就紧张，不知道怎样答卷才好。但是，不管采用哪种答卷法，开始都要先写好自己的名字，大致看看题目的数量，以便分配好答题的时间。

同学可以从以下几方面掌握答卷技巧：

（1）选择适合自己的答卷方法

① 按照顺序，先易后难答卷法。这就是说按照题号的顺序审题，会一道就先做一道，一时不会的题目，先跳过去，继续往下答，直到把会做的题目做完；然后，按照这个方法，把第一遍没做出来的题目再过一遍，认真思考，把其中会做的题目全做完。如果还有时间，则集中精力去突破最后的难题，如果没有时间了，起码已经把会做的题目全做完了。

这种答卷方法的优点如下：首先，可以迅速解除考试紧张心理。拿到考卷后，由于很快就进入答题状态，注意力全部放在回答会做的题上，没有时间去想别的事情，使得刚进入考场时的紧张心理很快得以缓解。随着解答习题数量的增加，心中越来越有底，信心不断增强，从而彻底解除了心理上的紧张状态。其次，这样答卷可以避免把时间过多地花费在难题上，而使自己明明会做的题目到最后却没有时间去答。每次考试下来总有一些考生后悔在考场上没有先做容易的题，结果是难题没做出来，容易的题也来不及做了。

这种答卷法最适于考试时容易紧张的考生，因为它可以迅速缓解紧张心理，尽快进入答题状态，使答卷效率得以提高。可以说，这是一种比较稳妥的答题方法。

② 全面看题，先易后难答卷法。这种方法就是拿到考卷后，先把所有的题目从头到尾看一遍，做个一般了解，再把答题的时间大致分配一下，然后开始做题。当然也是先做容易的题目，然后再做较难的题目，最后再做难题，直到把题全部做完。这种方法的优点是，一开始就对试卷有了全面的了解，能够比较科学地分配好答题时间，对考试结果也能初步做出估计。学习优秀、自控力比较强的青少年适宜选择这种方法。因为看完题以后，知道大部分题目或者全部题目都会做，信心就更足了，可以冷静地把题目做完。

　　这种方法的缺点是，如果看完部分或全部题目之后，发现很多题目不会解答，紧张的情绪就会进一步加剧，甚至会惊慌失措。因此，这种方法对学习基础较差，或自控力弱的青少年是不适用的。那些学习虽然不错，但容易紧张，不善于控制自己情绪的青少年，最好也不采用这种方法。

　　③ 按照顺序逐一答卷法。这种方法就是按照题号顺序，一道题一道题地做。这种方法的优点是可以迅速地把注意力集中到答题上，缓解紧张情绪。缺点是想一遍就把题做完，忽略了先易后难的原则，如果碰到不会的题就要耽误时间，没有机会去解答后面会做的题目。有些青少年同学平时养成了一种钻研的精神，题目做不出来，决不罢休，这种精神是可贵的。可到了考场上，答题的时间有限，还是应该先把会做的题做完以后再去钻研难题，从这一点来说，这种答题方法是弊多利少。

　　（2）审题要稳，书写要快

　　在考场上经常出现学生漏看题、看错题的现象，对于重大考试来说，这种差错往往造成终身的遗憾。有很多考生因漏看题或看错题而导致中、高考落榜，遗憾之处是题目不是不会做，而是由于马虎使自己的本领无法施展。

　　对于大部分青少年来讲，考场上的时间是十分紧张的，经常出现做不完题的现象，因此，在答题时，书写一定要快，以便挤出更多的时间用于思考问题。

　　（3）想不起来，先放一放

　　在做题过程中往往出现这样的现象：明明记得很清楚的概念、定理或公式，到需要的时候竟然会想不起来。遇到这种情况，不要坐在那里冥思苦想，可以把此题放一放，先去做别的题目，有时遗忘的内容会突然"再现"出来。如果回过头再想仍然想不起来，就可想一想与这一遗忘内容相近的知识或有联系的事情，通过联想使问题得到解决。当然，这种现象的出现反映了对知识的掌握还不够熟练，应该引起重视。

（4）仔细检查，更正错误

试卷答完以后，如果还有时间，就要抓紧时间检查。检查时，要先检查容易的、省时间的、错误率高的、自己没有把握的题目，后检查难的、费时间的、错误率低的、把握大的题目。有的青少年忘记了考场上检查的时间是有限的，固执地先检查分数多的题目，结果刚好碰到难题，由于题目复杂，不是检查不完，就是查出了问题也没有时间改正，结果白白浪费了时间。对于那些查出了问题也没有时间改正的题目，就不要检查了，这倒是一种比较现实的态度。